U0664412

林草干部教育培训
模式研究

邹庆浩　张东方　丁　娜　施侃侃　著

中国林业出版社

图书在版编目(CIP)数据

林草干部教育培训模式研究/邹庆浩等著. --北京：中国林业出版社，2022.12
　ISBN 978-7-5219-1949-3

　Ⅰ.①林…　Ⅱ.①邹…　Ⅲ.①林业管理-干部教育-研究-中国②林业管理-干部培训-研究-中国③草原管理-干部教育-研究-中国④草原管理-干部培训-研究-中国
Ⅳ.①F326.2②S812.5

中国版本图书馆 CIP 数据核字(2022)第 205975 号

策划编辑：李　敏
责任编辑：李　敏　郑雨馨

出版发行　中国林业出版社（100009　北京市西城区德胜门内大街刘海胡同 7 号）
　　　　　　http：//www.forestry.gov.cn/lycb.html
印刷　北京中科印刷有限公司
版次　2022 年 12 月第 1 版
印次　2022 年 12 月第 1 次
开本　787mm×1092mm　1/16
印张　9.5
字数　208 千字
定价　60.00 元

前　言

在新时代背景下，林草行业的发展面临着新的机遇和挑战，林草干部教育培训如何突破传统培训模式，不断推陈出新，以推动培训工作适应新形势新任务以取得更大的成效，是摆在每个行业教育工作者面前的重大课题和难题。因此，结合林草干部教育培训工作的实际情况，提炼有借鉴意义的经验做法，对指导新时期林草干部教育培训事业的科学发展具有重大意义。

在工作实践中，只要是某种现象一再重复出现，形成规律，都可以被归纳为某种模式。本书通过观察林草干部教育培训中不断重复出现的事件，以解决问题为出发点追本溯源，总结经验，发现规律，并把这个思维过程提炼为不同的培训模式。本书编者都是从事林草干部教育培训一线、经验丰富的教学研究人员，多年来承担行业干部教育培训的策划设计、教学管理以及相关课题研究任务，研究经验丰富，而且对于林草行业干部教育培训工作非常了解。本书结合了林草培训工作的实际需要，以全过程理论为指导，遵循"从实践中来，到实践中去"的研究思路，以提炼相应模式为研究目标，从培训组织、设计开发和内容方法的角度系统梳理了对实际工作有指导意义的经验做法，围绕不同章节主题针对性地构建相应模式，提出优化建议，为干部教育培训的组织者、策划者和管理者提供借鉴和参考。

本书共 5 个章节，在介绍研究背景，阐述研究意义和解释关键问题之后，主要研究林草干部教育培训的组织模式和教学模式。而教学模式作为其中的核心章节，根据林草干部教育培训的实际情况，细化为设计开发、课程内容以及教学方法三个方面进行解读。具体内容如下：

首先，林草干部教育培训的组织模式，涉及到培训项目的确立、组织形式以及管理状态等环节。对于不同组织形式的林草干部教育培训项目，本书针对性地提出了优化建议：对于委托类培训项目，要构建统一的计划培训模式，从整体上对干部教育培训进行分类统筹管理，如党建及公务员法定培训，林草行业关键岗位领导干部综合培训，重点工作专题培训和专业类培训；对于自主策划类培训项目，建议由专业培训机构围绕林草行业改革发展需要，针对行业干部素质能力提升或业务工作的重点热点问题，开发和举办培训，这类培训组织模式较为灵活，可以作为计划培训模式的有效补充。根据培训实际需要进一步推广网络培训，完善网络培训制度，建立兼容、开放、共享、规范的干部网络培训体系，提高干部教育培训教学和管理信息化水平，用好大数据、"互联网+"等技术手段。干部教育培训模式不是简单地由线上课程和线下课程相加所得，而是需要"线上+线下"的深度融合、深度互动、深度联动，确保更好地实现干部教育培训目标。此外，应考虑构建终身培训学习模式，建立行业网络学院，全面覆盖行业干部培训需要，分级分类制定课程目录，对不同岗位、不同职务的干部学员设立必修课程或课程群的同时，还可以提供涵盖行业内外的、基础性和前沿性的知识类课程作为选修课程。

其次，林草干部教育培训教学模式的构建。第一，建立以需求为导向的设计开发模式，紧密围绕党和国家的各项政策和林草中心工作，突出行业培训的特色和优势，从宏观和微观两个角度规范培训项目策划工作，宏观上把握项目启动、项目计划、项目实施监控以及项目总结这几个阶段的工作需要，提前策划流程；微观上就培训课程的开发，明确"为什么要培训""如何达到目标"以及"想要什么样的效果"等问题，就单项或几门课程内容进行策划。第二，对于构建课程内容模式，一方面培训内容有针对性，充分考虑培训目标和学员需要，体现"以人为本"的培训理念；另一方面，形成的培训方案，即课程内容编排合理且有逻辑性。第三，鉴于林草干部教育培训存在着教学方法相关概念不够清晰、创新性方法在课堂中的比重较小、应用项目不够广泛、现场教学不够深入等问题，创新林草干部教育培训教学方法要注重灵活性和实用性，建议相关机构进一步鼓励培养专职教师、开发特色创新课程、更新培训专业知识、强化现代培训理念、加强教学条件建设和探索深度现场教学。

本书是在相关培训理论的指导下，对规范干部教育培训工作和流程的一种经验总结和尝试性探讨，尚未大范围应用于培训实践，因此书中的部分观点和建议仍有待进一步验证。例如，各种模式在不同林草干部教育培训项目中的适用性，能否在林草行业以外的其他行业、甚至是企业培训实际中运用，以及在实际培训工作中如何确保有针对性和可操作性等要求落到实处，仍有待实践检验。鉴于研究时间以及撰写人员的能力有限，欢迎各位行业干部教育培训的同行批评指正，共同探讨，探索进一步研究空间，为干部教育培训事业的壮大和发展贡献力量。

著者

2022 年 12 月于北京

目 录 》

前 言

　　干部教育培训工作是建设高素质干部队伍、提高领导素质能力、提升行业管理水平的重要途径。经过多年实践，林草干部教育培训取得了令人瞩目的成绩，为生态文明建设，林草事业发展提供了强有力的人才保障。与此同时，国内的林草干部培训机构通过不断地培训实践积累了大量经验，这些对于干部教育培训的管理者和实施者，乃至国内行业干部培训机构都有一定的参考价值。总结这些经验做法有助于提高培训质量，促进干部教育培训工作有效开展。目前，对于确保干部教育培训质量的具体做法仍缺少系统地整理和针对性地研究。本书结合干部教育培训形势以及当前林草干部教育培训工作的实际情况，系统梳理了林草干部教育培训工作的关键步骤，聚焦培训的组织、教学开发和内容方法等环节开展规范性研究，提出相应的意见和建议。

第一节　研究的背景及意义

一、研究背景

　　干部教育培训事关党和国家发展大局，是提高干部队伍素质能力的重要途径。中国共产党自成立以来，一贯重视干部教育培训的重要作用。在百年革命、建设和改革过程中，干部教育培训逐渐形成了完善的理论、制度和传统，为党的发展和国家的繁荣富强作出了重要贡献（袁建涛，2021）。

　　党的十八大报告首次把生态文明建设提升到中国特色社会主义事业总体布局的高度进行论述，"绿水青山就是金山银山"的发展理念深入人心，并融入中国人民的生产生活中。党的十九大报告中习近平总书记多次提到生态文明，首次提出建设富强民主文明和谐美丽的社会主义现代化强国的目标，生态文明建设被提升到了新的高度。为了中华民族永续发展的千年大计，党的二十大为未来中国的生态文明建设和绿色发展指明了方向，规划了路径，这无疑对林草干部的素质和能力提出了更高要求，林草行业干部教育培训工作面临着更大挑战。

（一）新时代干部教育培训的战略地位

　　干部教育培训是培养优秀干部人才的重要途径，重视干部教育培训是我们党在发展壮大过程中不断取得成功的一项基本经验，这条经验内嵌于中国共产党发展的百年历程之中，在党和国家对干部的组织管理和对人民群众的引领示范中发挥着重要的作用。当今世界正处于百年未有之大变局的历史交汇期，国际形势正发生着深刻的变化，中国人民正在为中华民族伟大复兴而奋斗。干部教育培训作为建设高素质干部队伍的先导性、基础性、战略性工程，在推进中国特色社会主义伟大事业和党的建设新的伟大工程中具有不可替代的地位和作用（《2013—2017全国干部教育培训规划》，2021）。党的十八大以来，党中央统筹推进"五位一体"总体布局、协调推进"四个全面"战略布局与"五大发展理念"等一系列新思路、新战略、新举措，取得了全方位和开创性的成就，但同时也面临着"发展不平衡不充分，发展质量和效益还不高，创新能力不够强"等一系列问题。为切实解决这些问题，实现中华民族的伟大复兴，必须高度重视干部教育培训，党的十九大报告指出，"注重培养专业能力、专业精神，增强干部队伍适应新时代中国特色社会主义发展要求的能力"。无论是面对复杂的国际形势，还是基于解决眼前现实问题的需要，建设学习型、服务型和创新型政党，打造一支具有铁一般信仰、铁一般信念、铁一般纪律、铁一般担当的干部队伍是新时代干部教育培训面对的新挑战（董彪，2021）。

（二）新时代干部教育培训的新任务

在2013年的全国组织工作会议上，习近平总书记提出了好干部的20字标准，即"信念坚定、为民服务、勤政务实、敢于担当、清正廉洁"，成为新时代干部教育培训工作的目标。好干部必须具备过硬的思想政治素质、高尚的道德品格、深厚的民本情怀以及求真务实的工作作风。为了推进全面从严治党，实现国家治理体系治理能力的现代化，建设马克思主义学习型政党，必须进一步提高干部教育培训的科学化水平，培养造就高素质的干部队伍。《2018—2022年全国干部教育培训规划》对新时代干部教育培训工作作出了全面部署，面对当前的新形势、新任务，切实提升干部教育培训的专业化水平，既需要理论上的研究，也需要实践中的探索，更需要及时总结经验，加以提炼以便于更好地指导和应用培训实践。

（三）新时代林草干部教育培训的新要求

党和国家高度重视生态文明建设，党的十九大报告提出，要加快生态文明体制改革，建设美丽中国。"生态兴则文明兴"，建设生态文明是中华民族永续发展的千年大计。发展林草事业是生态文明建设的主要内容和重要举措，提高治理水平、保护生态资源、维护生态安全、弘扬生态文明，干好生态建设的基础性工作，当好生态卫士和生态建设主力军，是林草事业义不容辞的责任（刘珉，2020）。林草行业肩负着生态文明建设重任，广大的林草干部要响应时代号召，形成正确的政绩观、生态观、发展观。林草干部教育培训要关注这些要求，围绕高质量发展的主线，始终聚焦林草行业重点工作，从加快推进林草工作高质量发展的需要出发，通过培训提升林草干部能力素质，进一步培养林草干部勇于担当、奋发有为的责任感，为建设生态文明和实现美丽中国提供人才保障。

二、关注问题

在新的时代背景和林草行业发展的新机遇、新挑战下，林草干部教育培训研究面临的一个重点就是如何充分发挥行业干部教育培训的优势，总结经验，分析问题，提出解决方案，以推动林草干部教育培训适应新形势、新要求并获得更好地发展。这是本书重点关注的问题，也是本书区别于以往同类研究的关键。为了使研究更有针对性和实用性，编者将研究目标解读为着力解决以下三个问题：

第一，培训模式研究的是什么？一直以来，由于缺乏统一的权威定义，行业培训管理者、培训教师经常根据自己的经验或是借鉴国外研究成果来理解和定义培训模式，致使很多研究者都在关注培训模式，但在具体研究中存在着边界不清和概念混淆等问题。通常研究者把模式看作解决某类问题的一个方法论，是人们在生产生活实践中对积累的经验的抽象和升华。简单地说，就是从不断重复出现的事件中发现、抽象出规律，是解决问题形成经验的高度归纳总结。只要是一再重复出现的事物规律，都有可能被归结成某种模式。在本书中，培训模式指的是在干部教育培训工作中总结出的经验和规律，对实际工作有指导意义的一些有参考价值的做法，具体分为组织模式、设计开发模式、课程内容模式和方式方法模式（其中，设计开发、课程内容以及方式方法都可以认为是教学模式）。在明确研究关注的问题之后，书中对每个模式的研究基本遵循了以下思路：先界定内涵外延，然后归纳分析国内外干部教育培训常用的模式经验，尤其结合时代背景和林草行业干部培训现状，着重考察和反思当前林草干部教育培训模式的现状，总结经验、分析不足，最终提出构建模式和优化模式的意见和建议。

第二，如何优化培训教学模式？教学模式是林草行业干部教育培训的中心环节，直接决定林草干部教育培训项目的成功与否。本书将与教学模式紧密相关的工作内容分为三个章节模块进行探讨：设计开发模式、课程内容模式以及教学方法模式。如何优化这三个模块是构建培训教学模式的研究重点。本书的第三、四、五章着重解决这些问题，如设计开发模式，需要思考当前在课程设计开发中存在的不足，有哪些环节可以进行优化改良；课程内容模式，将林草干部教育培训项目按照内容进行分类，针对各类项目总结经验、找出问题，并提出优化建议；教学方法模式的研究侧重当前林草干部教育培训常用的教学方式方法，分析利弊及适用范围，着重关注方式方法的创新性研究。

第三，如何以理论为指导完善培训的相关模式？目前国内针对行业干部培训的研究多以经验总结和借鉴西方研究成果为主，本书为了更好地总结林草干部教育培训实践经验，构建符合新时代生态文明建设需要、与现代林草发展相匹配的林草干部教育培训模式，在每个关键模式的研究章节中都依据理论指导和实践总结两个方面进行阐述，以充分借鉴相关理论的指导作用，总结实践经验，并力求构建相应的模式体系，完成"从实践中来，再用于指导实践"的研究过程，供行业干部教育培训者参考和借鉴。

三、研究价值

（一）学术价值

干部教育培训是干部队伍建设的先导性、基础性、战略性工程，林草干部教育培训在培养造就信念坚定、素质过硬、特别能吃苦、特别能奉献、专业水平高的林草干部队伍和努力推动林草事业高质量发展中发挥着重要作用。通过查阅大量相关文献资料发现，尽管我国干部教育培训积累了丰富的经验，林草干部教育培训也经历了几十年的发展，但针对干部教育培训模式及方法的理论研究比较零散，并没有形成系统以及较为全面的体系。本书的学术价值在于，针对林草行业干部教育培训特点提炼出培训模式，增强我国林草行业干部教育培训的科学性、规范性、针对性和有效性，进一步拓展林草行业干部教育培训理论的研究广度和研究深度。

（二）应用价值

深入研究林草干部教育培训模式，有助于构建和完善科学实用的培训管理体系，对于进一步提高培训质量、确保行业干部教育培训效果意义重大。本书以全面考察现有林草行业培训项目的实施情况为基础，深入剖析林草干部教育培训中存在的问题，总结经验、分析不足，同时充分借鉴国内外相关领域的研究成果以及其他行业的先进做法，提炼出林草干部教育培训的组织模式、设计开发模式、课程内容模式和教学方法模式，并提出针对性的优化意见，对于切实提高林草干部教育培训项目的培训质量，进一步改进林草干部教育培训工作具有指导作用，对于其他行业干部教育培训探索具有一定的参考价值。

第二节　研究的内容及方法

一、研究内容

本书运用文献分析法和实践反思法，构建相应的林草干部教育培训模式，提出相应优化意见和建议，主要包含以下内容。

（一）研究综述

通过搜集专家学者对不同模式研究的成果，结合文献资料进行研究综述，为构建和优化林草干部教育培训模式寻找理论依据、奠定研究基础。

（二）经验借鉴

西方国家历来把干部培训作为公共部门人力资源管理的重点领域，在培训管理方面屡出新招且成效显著，国内也不乏一些行业干部教育培训状况的经验总结，这些都对林草干部教育培训研究具有一定的启示作用。

（三） 实践分析

本研究考察多年来林草干部教育的培训实践，在梳理取得成绩的同时，总结经验做法，提炼规律，为构建林草干部教育培训模式提供现实依据。

（四） 模式构建

在研究综述、经验借鉴和实践分析的基础上，构建林草干部教育培训组织、开发、内容和方法模式。

（五） 优化建议

针对不同模式可能存在问题进行反思，为组织模式的规范和教学模式的完善提出优化意见和建议。

二、章节安排

本书以林草干部教育培训模式为研究对象，章节安排如下。

第一章：绪论。研究背景及意义、研究内容及方法。

第二章：组织模式。分析对比当前国内外常用的培训组织模式，结合林草干部教育培训的特点提出建议。

第三章：设计开发模式。从设计开发的理论、工具和研究方法入手，总结国内外及不同对象的培训项目的设计开发经验，对照林草干部教育设计开发现状，探索能够优化改良的环节，并提出改进方法。

第四章：课程内容模式。以课程内容模式相关理论为指导，总结目前林草干部教育培训中不同类别项目的课程内容现状，分析存在问题，构建课程内容模式。

第五章：教学方法模式。收集、归纳、总结各类教学方法，结合培训目标和培训对象需要，合理创新教学方式方法，对于种类的划分、方法的选择、适用的范围以及操作的流程等提出意见。

三、研究方法

（一） 文献研究法

文献研究法是最基础也是应用最广泛的一种研究方法。通过对书籍、期刊、文献的检索，有针对性地搜集干部教育培训的理论成果、国内外关于培训模式的研究资料，有助于全面了解干部教育培训相关理论和研究成果，并根据研究目标需要对其进行分类整理和系统分析，进一步增加本书研究结论的理论可行性。

（二） 实践调查法

实践调查法是研究中收集数据的有效方法。本书按照不同章节研究需要，采用调查法中的访谈法和问卷法，搜集林草干部教育培训的相关数据，一方面，为总结培训实践经验、构建培训模式提供现实依据；另一方面，在一定程度上确保寻找的问题具有针对性，提出的优化建议具有可行性和操作性。

（三）比较分析法

本书根据研究需要采取比较分析法，分析国内外、行业内外培训相关模式运作的特点，比较优缺点，为构建和优化林草行业干部教育培训模式提供参考和借鉴。尤其对于培训教学方法模式的研究，比较分析不同的培训教学方法，列举各种方法的利弊及应用案例，为不同类型的培训项目选择适合的教学方法提供依据。

四、技术路线

围绕之前设定的研究问题，本书遵循"从实践中来，到实践中去"的原则，形成了如下的研究逻辑：梳理研究成果和实践现状，在理论与实践结合的基础上找出问题，针对性地提出解决方案，对于模式的核心章节研究基本涵盖了研究综述、理论分析、经验总结、问题剖析和模式构建及优化这五个部分。运用相关理论为指导，结合当前的时代背景、林草行业工作特色以及近年来干部教育培训事业发展情况，对林草干部教育培训组织模式和教学模式进行构建，并提出优化建议。技术路线如图1-1所示。

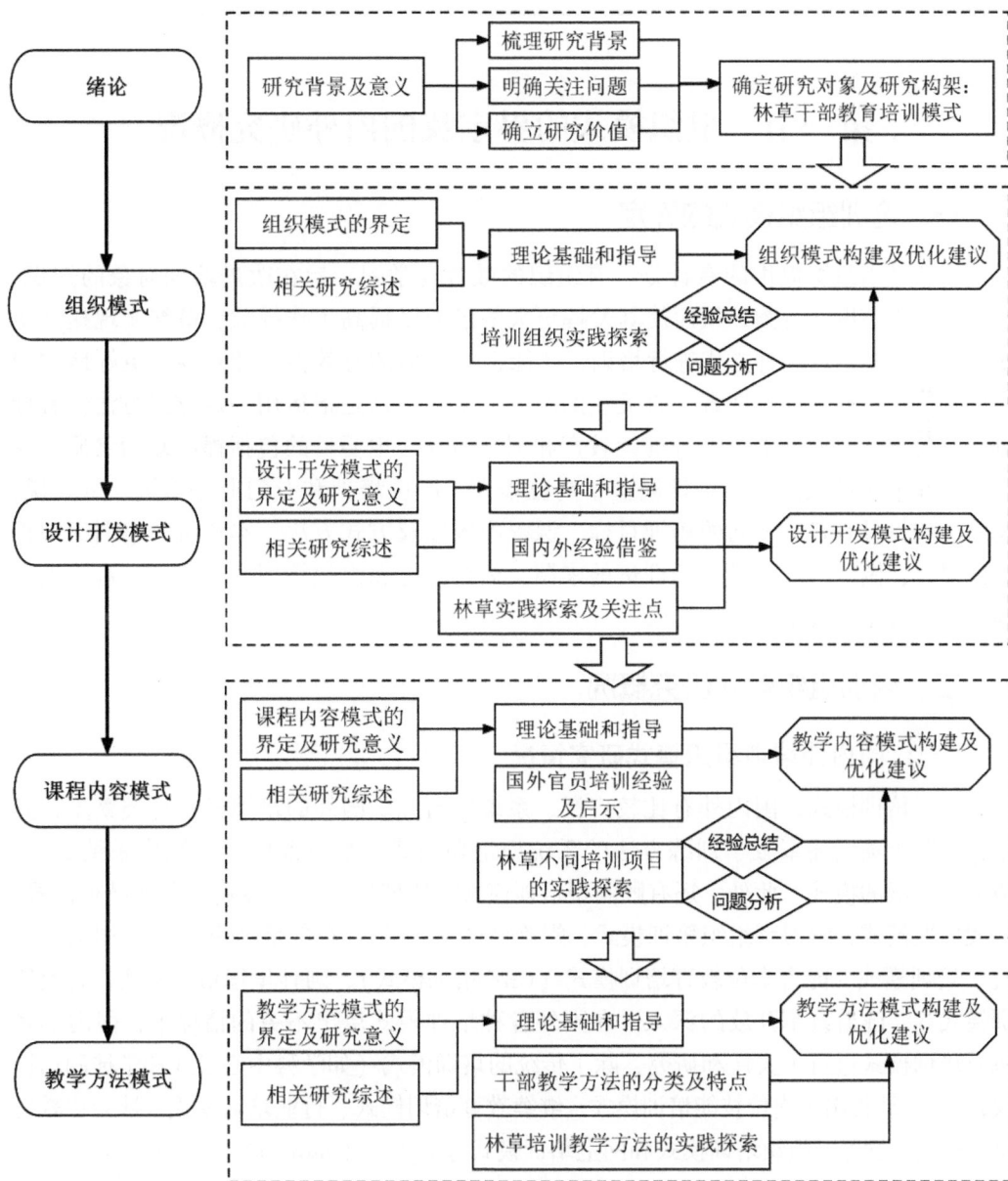

图 1-1 技术路线

第二章
林草干部教育培训的组织模式 》

第一节　组织模式的界定及国内外研究概况

一、培训组织模式的界定

培训是由组织提供的有计划、有组织的教育与学习，旨在改进培训对象的知识、技能、工作态度和行为，从而使其发挥更大的潜力以提高工作绩效，最终实现提高组织绩效的活动。以何种方式进行培训，才能提高培训的有效性、针对性，更好地实现培训目标，这是培训管理者一直关注的问题。干部培训是指运用一定方式方法，有计划、有组织地对领导干部进行继续教育和训练活动，主要目的包括提高政治素质、业务能力和工作绩效。这种培训涵盖了岗位培训、职位培训和专门业务培训，可以说，每一类项目具有各自不同的培训目标、课程内容以及方式方法。本章对于培训组织模式的研究，围绕培训项目或培训班的来源、运行流程和组织管理活动展开，对于提高整体培训效率至关重要。

二、培训组织模式研究概况

（一）国内外培训组织模式研究情况

关于培训模式，国内外有比较广泛、系统的研究。国外的培训模式种类繁多，其中，起源于美国陆军教学训练方法的系统型培训模式，是目前国内组织中采纳最多、应用最广泛的模式。此外，还有顾问型培训模式、所罗门型培训模式、多级瀑布模式、自我发展模式、学习型组织培训模式、螺旋培训发展模式（ST 培训模式）、"国家培训奖"培训模式、能力本位教育培训模式（CBE 培训模式）、阿什里德培训模式、有效培训模式等。随着改革开放的深入，在国外各种培训模式层出不穷的情况下，国内学者也对培训模式进行了关注和研究，除了传统的培训模式（如学科中心模式和学徒制培训模式），陆续提出了岗位技能培训模式、继续教育培训模式、行业培训模式、社会化教育培训模式、学习型组织培训模式和网上培训模式等。以"干部培训模式"为主题在中国知网上搜索，有 717 条结果，其中学术期刊论文 466 条，硕博论文达到 102 条。相关研究主题也越发深入和细致，如从人力资源培训的整合角度，主张将心智培训渗透到知识技能培训和行为培训之中，建立心智渗透式整合模式，并对心智渗透式整合模式和其他的单独培训模式的效果进行比较（郑秀敏和罗瑾琏，2004）；从培训机构、培训形式、培训内容、教学手段四个方面构建我国公务员培训的多元化培训模式（蔡小慎和徐进，

2005）；关注我国公务员培训实践的以能力为本位的培训模式（焦金艳，2005），以及公务员培训的标准化模式（成垠，2007）；基于胜任力的干部培训模式更是得到了广泛层面的研究（才华，2007；侯伟，2012；田月秋，2014；杨戬，2014；李治锟，2016；傅媛媛，2016；孙天蕊，2018；陆明荟，2019；范劲鸿，2019；周爽 等，2020）。此外，干部教育培训模式出现了积分制模式（胡实秋，2007）、层级制到完全市场化模式（马秀玲，2007）、预付费模式（吴学敏，2007）、多元化模式（肖乐，2014）、供给模式（李策，2014）、"省级统筹、分岗施训"模式（苏忠林 等，2015）、"套餐定制"培训模式（刘富珍，2017）。随着互联网、云计算、大数据等信息技术的广泛应用，"互联网+"干部教育培训模式方面的研究逐渐增多（侯霄昱，2016；章木林 等，2017；刘晋 等，2017；张寒 等，2017；印鹏 等，2018；贺建兵，2018；张维峰，2019；贺中华和秦振泽，2019；程日庆，2020；崔学敬 等，2021）。

（二）林草干部教育培训模式研究情况

通过中国知网对林草干部教育培训模式与方法进行检索，结果如下：以"林草干部教育培训模式"或"林草干部教育培训方法"为主题词进行检索，获得 5 篇文章；由于有的文章直接以某种模式或方法作为主题词，存在遗漏的可能，因此扩大检索的范围，以"林草干部教育培训"为主题词进行检索，获得 54 篇，以"林草培训"为主题词进行检索，获得 599 篇文章。除去广告、信息、简要报道等，分别还剩 5、47、450 篇文章。硕博论文中标题与林业培训相关的有《林业行业管理人员培训效果评估研究》《陕西省林业人力资源开发与培训研究》《陕西林业职业教育培训存在的问题及对策》《林业企业员工培训系统化模式构建》《甘肃林业职业技术学院校本师资培训个案研究》《GX 林业厅机关干部培训研究》，无直接与林草干部教育培训模式相关的硕博论文。有关林草干部教育培训模式的论文研究中，有针对"广东现代林业学堂"培训进行的探讨。"学堂"使用讲座形式，聘请国内知名专家学者授课，为局干部职工接触新鲜事物、更新知识和观念提供了一个很好的平台。"学堂"设在局机关会议室，学习方便，工作学习两不误；培训内容贴近省级林业部门工作实际，培训效果比较理想（龙永彬 等，2010）。有些学者探索了在线学习在乡镇林业工作站教育培训中的应用。"全国乡镇林业工作站岗位培训在线学习平台"通过科学设计平台的核心架构、模块功能，有效充实平台的教学资源，精挑细选平台的授课教师，推广扩大平台的应用范围，保证平台的学习效果，不断丰富平台的内容体系等，为基层林业站干部职工提供在线培训。还有针对辽宁省林业站岗位培训网络平台使用情况进行了分析，自平台开通以来，辽宁省加强"平台"管理队伍的建设，强化精品地方课程的创建，形成长效性可实施方案，以点带面步步推进，取得了很好效果，近 4 年在线学习人数和学习时长都呈上升趋势，学员可以不受时间和地点的限制，根据自身需要，自主选择课程和内容进行学习（郑英达，2018）。有学者对混合式学习在林业干部教育培训中的应用进行了总结和研究（董云飞，2017）。混合式学习即以全国乡镇林业工作站岗位培训在线学习平台为支撑，学员在一定期限内完成规定网络课程学习，网上测试合格后参加短期面授培训。网络学习邀请相关课程专家在线答疑解惑，而短期面授更多是互动交流。混合式学习为利用有限的资源提高林业干部教育培训的效果提供了新的途径，这种培训方式节约培训成本，提升培训有效性和针对性。研究预测混合式学习将会在未来的林业干部教育培训领域得到广泛应用。也有研究对"慕课"在林业教育培训中的应用做了分析（张劲松 等，2017），慕课起源于2012年，随后迅速掀起热潮，林业教育培训却鲜于使用。林业行业是生态文明建设的主力军，林业教育培训应该充分利用信息技术手段，解决林业工作地点分散、偏远等造成新技术、新知识更新缓慢等问题，以适应国家生态文明建设对林业人才的需求。林业多个信息平台的建设，为林业行业开展慕课教育提供了支撑和保障。并对林业行业慕课平台的组织机构建设、资源建设和管理运营等进行初步探讨，对基于"微课"的林业经济教育培训方式进行了创新性研究。研究以内蒙古森工集团国有林区从业人员具体情况为样本，通过林业经济现行培训情况、微课在林业经济教育培训中的适用性分析、开展微课形式的林业经济教育培训的方案及如何保障微课教育培训正常运行四个方面进行分析，展示如何通过微课开展林业经济教育培训，提高林业从业人员素质能力（徐骁巍 等，2017）。结合国家林业和草原局（简称国家林草局）新录用人员初任培训探索实施了"线上、线下"融合培训模式，满足了学员多元化的需求，提高了干部教育培训的质量和效率，而且符合疫情环境下减少人员接触、降低传播风险的防疫需要（任珍珍 等，2021）。从以上研究可以看出，林草干部教育培训模式研究主要集中在组织模式，主要是对"学堂""在线学习""私人订制""慕课""微课""线上线下混合"等模式进行探讨。

（三）各种组织模式特点及优缺点

在上述所列的培训模式中，把对本研究具有借鉴意义的组织模式进行归纳，并总结分析其特点及存在的问题，为林草干部教育培训模式构建提供参考（表2-1）。

表2-1　培训组织模式的汇总及比较

模式名称	模式简介	特　点	问题与不足
1. 计划培训模式	肯尼（Kenney）和瑞德（Reid）在系统培训模式的基础上引入了一个从评价培训需求到进一步确定培训需求的环节。即指通过分析培训需求、设计制定培训课程、评价培训等一系列符合逻辑的步骤，有计划地实施的培训模式	第一，培训被看作是一系列连贯的步骤，加强了对培训者实际需要的调查、研究，根据需求组织课程，实施培训；第二，强调了对培训活动结果的信息反馈，通过反馈修正原有培训活动的结果，从而修正原有培训的不足；第三，使培训者认识到有结构、有规则地从事培训的重要意义，强调对培训活动实行有效评价的地位；第四，适用于解释和预测培训行为，并成为培训人员的行为指南；第五，培训需求的确定可以在一个适当的阶段引入到培训循环中来	未标明培训职能在"开发领先能力"方面的作用；没有考虑将现代培训职能深植于组织的必要性；没有阐明它与培训实施中相关各方之间的关系；忽略了供应方的行为需求，培训者应为部门管理提供选择机会而不是简单地根据要求作应答

（续）

模式名称	模式简介	特 点	问题与不足
2. 顾问型培训模式（咨询模式；孟涛，2009）	顾问型培训模式的过程一般为：获准进入、调查与分析、提出咨询报告、指导实施、课题总结、退出	它为培训管理者扮演组织战略促进者时所要实行的培训支援的职能提供了方法；外部顾问的介入有利于组织中管理者对培训的重视，专业水准的培训产品与培训服务，有利于培训效果的提升；有利于组织培训资源的选择	外部顾问是独立于组织之外的，"培训的连贯性和持续发展"却很难得到保障
3. 网上培训模式（张平川 等，2014）	以信息技术为基础的现代化培训手段，其培训模式是传统培训模式在时间和空间上的延伸	突破了现场培训的时空束缚，可以使学员在任何时间、任何地点，选择任何课程进行学习，自主地分配学习时间，避免因培训影响正常工作；通过虚拟培训平台特有的互动交流模块加强受训学员之间、师生之间的交流与协作，从而有助于学员的全面发展；网络培训可以节省高额的现场培训成本；规模大，覆盖面广，发展迅速	现实中，线上培训课程存在内容针对性不强、方法不够灵活、吸引力不强，线上培训过程缺乏有效控制、互动交流少。克服以上问题，需要更多的人力、资金和技术投入
4. 菜单模式（周建标，2014）	基于培训对象个性差异、能力差异、职能差异，培训部门公布培训菜单，由培训服务对象（单位或个人）自主选择培训；提供的培训以菜单式，包括项目菜单、课程菜单、时间菜单、师资菜单	培训针对性强，短期强化，解决问题或培训新知识；学员的学习态度由过去的"要我学"变成了现在的"我要学"；学习方式更为灵活，提高了学习效率；学习时间由硬性规定学习时间变成弹性学习时间，学员可以自己安排学习时间。可有四种模式：（1）单位或个人选项目，构成培训班；（2）提供必修课和选修课；（3）个人选课程，组成培训班；（4）在网络提供课程菜单，供个人选学	菜单式培训满足个人或单位需求，但不一定能满足组织需求；缺什么学什么，学员自己不一定知道自己缺什么，存在学习选择凭兴趣爱好的可能
5. 套餐＋定制模式（刘富珍 等，2017）	一方面，针对干部素质能力提升的必修课制定多个套餐，供选择；另一方面，以问题为导向，应外部单位的要求，针对单位具体实际问题，定制培训计划和方案，开展培训的一种模式	教学计划既满足组织的刚性需求，又能满足干部个性化学习的柔性需求。"套餐+定制"模式是一种双向互动的教学计划设计模式，既考虑学员需求端，也考虑供给侧的供应情况，培训机构有实力雄厚的培训方案策划团队，并根据实际情况打造教师库、课题库，教学基地和诸多灵活多样的教学方法、教学形式，方能制定好教学计划并有效实施	其科学性和严谨性还有待继续探讨和研究；设计难度较大，需有力量雄厚的策划团队和齐备的教学资源

（续）

模式名称	模式简介	特　点	问题与不足
6. 积分制模式（胡实秋，2007）	指在一定期限内，采取多样的教育规格和较灵活的过程管理方式，规定学员在单位时间修完规定学分，作为其取得上岗、评优和晋升资格的一种学习制度和管理制度	培训积分制教学管理改变以往培训选派或调训方式，变成自主培训学习，有利于调动学员参与培训学习的主动性和积极性；突出知识结构优化，有利于学员个性发展和自身发展；为学员提供便利的时空条件；将更高层次实现资源优化配置；其开放、竞争、自由特征会引导培训原创力不断提升，有利于发挥施教机构开发新课程的潜力，切实提高培训效益	积分制要求有庞大的课程体系，难度较大；需求把握难度大，存在组织需求如何满足的问题；学分认定办法，管理难度较大。结合网络开展积分制学习培训，学分认定、管理难度问题可以得到解决
7. 政府培训机构+高校机构（李晓霞 等，2015）	政府培训机构与高校培训机构签订合作协议，成立项目领导小组，双方成员比例根据两单位所占课程比重确定，领导小组对项目运营具有最终解释权和责任义务，对项目运营全面负责，统筹协调，确保培训质量与效果	"政府培训机构+高校机构"的合作培训模式一方面顺应了公务员培训市场化的潮流，政府培训机构弥补了高校培训机构意识形态引导方面的欠缺，在一定程度上能够有效避免社会风险；另一方面，高校弥补政府培训机构专业性培训的不足，进一步提升公务员培训的质量，提高公务员队伍整体服务素质；借助高校优质的硬件资源，节约培训成本	同一个培训计划由两个不同的机构制定实施，易造成互相推诿、协调不畅等问题；两者培训内容不同，对培训效果的评估没有统一的评价体系，易造成两机构间矛盾
8. "四阶梯"培训模式（吴云，2010）	"四阶梯"培训模式是按照公务员的四个领导级别（新领导成员、处级公务员、资深领导人、高级领导人）设置的像上阶梯一样由低级迈向高级的培训模式	培训对象层级明确，第一阶梯为年轻人或新入职人员；第二阶梯为35岁左右的处级领导干部；第三阶梯为45岁左右的资深领导人；第四阶梯是针对部级、司局级高级领导人进行特殊的培训。培训内容针对性强，根据学员的实际领导级别、实际领导工作任务，设置对实际工作有指导意义的培训内容	目前，我国公务员培训中的新入职初任培训、公务员培训、处级干部任职培训、司局级干部任职培训类似这种"四阶梯"模式，本研究称为"公务员分级培训"
9. 混合培训模式（任珍珍 等，2021；印鹏 等，2018）	同一个培训项目（班），一部分通过网络在线上完成，一部分以传统的方式现场完成，叫混合培训模式，也叫"线上+线下"混合培训模式，或叫"互联网＋集中面授"混合培训模式	针对性、实效性很强，培训过程环环相扣，很好地实现了线上培训与线下培训的深度融合，培训过程管理严格，培训效果较好；混合式培训模式能够最大程度地利用时间、空间上的优势，将传统学习和非传统学习有机结合在一起，推动培训效果的最优化，具有目标集聚、效果持续、可测量和可评价等优势；能有效整合线上线下的学习资源	线上培训课程内容针对性不强、吸引力不强；线上培训过程缺乏有效控制、互动交流少；线上线下培训之间关联和过渡不够，难以形成合力。这些问题通过精心策划和认真实施可以克服

（续）

模式名称	模式简介	特　点	问题与不足
10. 多元培训模式（张耀华，2020；赵永业，2019）	互联网与干部教育培训深度融合，打造专业干部教育培训平台，通过手机、电脑，随时随地地对平台的相关内容进行学习；开办专题培训班，运用多种教学方式方法，提升干部教育培训效果	线上培训已经打破了时间和空间限制，干部可以随时随地地对相关知识进行学习，提升教育培训的实效性。从线下培训角度看，线下培训课堂氛围更热烈，学员之间也能够畅所欲言、相互交流，有利于提升培训效果，同时线下培训模式也能够确保学员的参训率和参与度。此处的多元培训模式实质上就是广义上的线上线下混合培训模式	不同培训方式的有机融合是这种培训模式最难之处。如何根据线上线下教学特点安排适当内容，如何把线上学习内容有效在线下得到巩固和延伸，都是要求设计实施者具有深厚功底
11. 虚拟培训模式（童汝根等，2010）	虚拟培训模式是利用电子化学习（E-learning）、移动学习（M-learning）和虚拟现实（VR）等技术框架，以网络培训为主体并以移动通信、卫星通信和广播电视培训为补充渠道的一种培训模式	实时、同步通信的一点对一点或一点对多点的模拟课堂培训，对现场培训机构进行整体模拟，包括虚拟教室、虚拟图书馆、虚拟实验室、网上教育资源数据库、虚拟学术论坛等。虚拟培训可以作为目前主流的现场培训的有益补充，缓解集中面授的压力。集中面授的面对面互动和临场应变优势不可忽视，而虚拟培训的灵活选择和成本节约优势也值得推荐	虚拟培训模式成本高、技术要求高，若虚拟现实技术、动漫技术以及移动通信技术不到位，不能带来身临其境的感觉，导致学习者产生厌倦情绪，缺少角色扮演活动降低了学习内容的应用价值，缺少有效监控出现代替他人培训的现象
12. 委托模式（马秀玲，2007）	20世纪90年代中后期，我国公务员培训模式开始呈现出多元化的格局，出现了委托培训模式，根据委托的受托方和委托方可以分为以下模式："一中一外受托机构"模式、"国内受托机构"模式、"国外受托方"模式、"个人受托方"模式、"个人委托方"模式等	多元化、市场化培训模式是对传统培训模式的有益补充与扩展。这种竞争不仅在一定程度上促进了党校与行政学院的改革与创新，而且促进了传统培训机构与其他培训机构的交流与合作，探索了与境内外机构合作办学的新路子。在竞争地培训市场中，公务员培训的质量和水平总体上将会不断改善与提高	委托培训可控度小，管理难度较大；党校和干部学院是培训领导干部的主渠道、主阵地，要确保和巩固其龙头地位与作用，意识形态领域教育不能进行委托培训

（续）

模式名称	模式简介	特　点	问题与不足
13. 层级制培训模式（马秀玲，2010）	层级制是党委、政府与官方培训机构之间的一种培训模式，是一种政府主导型模式；政府通过自己建立专门机构对公务员进行培训的模式就是一种典型的层级制机制	在层级制下，培训委托方和培训受托方之间是一种明确的上级和下级关系，存在命令与服从的隶属关系。忠诚培训基本没有出现被外包给非官方培训机构的例子，而几乎全部由本地或异地党校（行政学院）或干部学院承担，党校干院姓党，是干部教育培训的主渠道主阵地，如对公务员的忠诚观、伦理道德观、人生观、价值观、权力观、利益观等的培训，党校干院有强烈的导向性和雄厚的教学资源，培训目标的实现有保障	国家级干部学院教学资源丰富，教学力量强，但行业干部学院主要依靠外部资源和师资力量，忠诚教育培训主动性灵活性不够，与行业内容相结合开展政治理论、党性教育缺乏；没有竞争和有效激励机制，创新动力不足，培训教学方法需进一步丰富，培训条件需进一步改善，增强培训效果
14. 市场化模式（马秀玲，2007）	20世纪90年代以来，党委和政府开始将某些公务员培训外包给国内高校、国外高校或专门的社会培训机构甚至个人，这就使得我国的公务员培训开始呈现出多元化、市场化的格局。根据市场化程度有：有限市场化、准市场化和完全市场化三类	一方面，多元市场化培训模式是对传统培训模式的有益补充与扩展。部门和行业培训机构、高校、科研院所、其他社会培训机构和境外培训机构能够充分发挥其在教学资源、师资等方面的优势，有利于提高公务员培训的水平与质量；另一方面，培训市场化带来的竞争促进了传统培训机构的改革与创新，使得他们的实力得到增强，"主渠道、主阵地"地位得到巩固，促进了传统培训机构与其他非官方培训机构的交流与合作，有利于公务员培训的质量和水平的提升	公务员培训是一项比较特殊的教育事业，如果完全放开，彻底市场化会带来不利的影响。如对公务员的忠诚观、伦理道德观、人生观、价值观、权力观、利益观等的培训，市场化培训体现不出这些办学特色；另一方面，一些非官方的培训机构往往因趋利而忽视甚至放弃许多有意义但不盈利的培训项目

从组织模式上看，我国干部教育培训的发展可以分为三个阶段：一是传统培训阶段。20世纪90年代以前，培训规模较小，主要培训组织模式是计划培训模式和层级制培训模式等。二是多元化组织培训阶段。1990—2010年，各种组织模式相继出现，如委托模式、菜单模式、积分制模式、市场化模式等，各培训机构充分利用国内外社会资源培养了大批干部。三是网络培训发展阶段。2010年后，干部教育网络培训模式快速发展，在开展线下培训的同时，网上培训、线上线下混合培训、线上线下多元培训等模式日渐成熟，在干部教育培训体系中起到了重要的作用。如今，有效充分利用信息技术和网络技术，把虚拟培训、云端培训、移动学习等多种培训形式广泛运用到干部教育培训中，将成为干部教育发展的必然趋势。

第二节　林草干部教育培训的组织管理方面的实践探索

一、林草干部教育培训的组织形式

（一）从管理层面来看

林草行业干部教育培训工作由各级林草主管部门负责，实行分级管理，具体由各级林草主管部门的组织人事部门执行。即通常由人事部门负责组织编制年度培训计划，并通过主办单位和实施单位得到落实。

1. 行业内部计划培训

主要指纳入人事部门统一组织管理，主办方为林草行业各单位的培训班。这类培训项目的资金来源于国家财政资金、国家林草局及其他部委项目资金、各单位自有资金等，培训班通常免培训费和食宿费，学员单位只需负责往返差旅费用。表 2-2 列举了 2016—2021 年国家林草局人事司统筹的国家局层面面向局机关及直属单位和面向行业的培训班情况。

表 2-2　国家林草局计划培训班及培训人数情况

年份	面向局机关及直属单位的培训班			面向行业的培训班		
	主办单位	培训班（个）/占比（%）	培训人数（人）/占比（%）	主办单位（个）	培训班个数（个）/占比（%）	培训人数（人）/占比（%）
2016	22	71/19.8	6374/16.6	62	288/80.2	31987/83.4
2017	14	47/13.3	3567/10.6	55	307/86.7	30183/89.4
2018	19	55/15.0	4755/15.2	49	312/85.0	26561/84.8
2019	15	49/14.8	3695/13.8	49	283/85.2	23054/86.2
2021	7	23/26.1	2001/30.0	29	65/73.9	4664/70.0

2016—2021 年，培训班主办单位数目、培训班个数、培训人数不同年份有波动，大体变化不大；2020 年由于新冠疫情影响，计划培训班有 40%～50%未能实施，属于非正常状态，因此不列入统计。2021 年局培训计划大幅度压缩，培训主办单位数目、培训班个数、培训班人数相应减少。估计未来一段时间，这种状况仍会持续。2016—2019 年，计划培训班中，面向局机关及直属单位的培训班个数占比 13.3%～19.8%，培训班人数占比 10.6%～16.6%，基本在 20% 以下；面向行业的培训班个数占比 85.0%～86.7%，培训班人数占比 83.4%～89.4%。2021 年发生了较大变化，面向局机关及直属单位的培训班个数占比 26.1%，培训班人数占比 30.0%；面向行业的培训班个数占比 73.9%，培训班人数占比 70.0%。2021 年在局计划培训班总体减少的情况下，面向行业的培训班减幅更大。

2. 选派参加行业外培训

选派参加行业外培训包括参加中央党校（国家行政学院）、延安干部学院、井冈山干部学院、浦东干部学院和其他行业培训机构、高等院校组织的培训，以及出国培训等。这种选派一般由上级主管部门根据干部成长和工作需要选派领导干部参加，也可以由组织单位根据人才培养和岗位需求选派参加行业外培训。这类培训组织模式计划性不强，年初没有对单位需要选派参训的人员和内容做出计划规定，更多的是根据办班通知以及单位的需要临时选派人员参加培训。以国家林业和草原局管理干部学院（简称林干院）为例，2019 年共选派参加行业外培训达 14 人次，培训共计天数达 663 天，内容涉及党性教育、政治理论、政策法规、专业知识和工作能力等方面。

3. 网络在线培训

伴随着网络学习的快速发展，在线培训已经逐渐融入林草干部教育培训体系中来。截至 2020 年年底，林草干部教育培训的国家级学习平台包括全国乡镇林业工作站岗位人员在线学习平台、林木种苗质检员在线学习平台、林业调查规划设计人员在线学习平台、森林公园在线学习平台共计 4 个平台，此外，以地方委托形式建立了浙江林业专技人员网络学堂、贵州林草网络学堂，网络注册学员共计 11 万人，网络课程共计600 多门，在线学习累计人次超过 200 万。2019 年成立了中国林业培训网络学院，即林草网络学堂，成为面向林草行业的统一在线学习平台。2020 年举办了"十九届五中全会精神解读""初任职培训班""新疆兴边富民培训班"和"营造林监理员"5 个网上专题班或在线直播活动，获得了学员和主管单位的一致好评。自 2020 年以来，网上专题培训班得到了快速发展。

4. 自主选学

2010 年 2 月，中共中央组织部、中共中央直属机关工作委员会、中共中央和国家机关工作委员会（简称中组部、中央直属机关工委、中央国家机关工委）联合印发了《关于开展中央和国家机关司局级干部自主选学试点工作的实施意见》，在意见的指导下，林草行业开展了大量干部自主选学形式的培训，对于林草领导干部提升理论水平和综合素质能力起到了重要作用。

此外，林草干部教育培训还开展大讲堂形式的培训，聘请知名教授、行业精英围绕社会热点、形势任务、林草重点难点等主题亲临授课，如国家林草局的绿色大讲堂、干部学院的生态文明大讲堂。

（二）从培训机构层面来看

培训机构主要承担培训班实施任务，包括计划内培训班和各培训机构自主开发的培训班，行业内培训为主，也包含部分行业外培训。培训的主要方式是集中面授（脱产培训），近年网络培训迅速发展，开辟了另一条培训途径。

1. 集中面授与网络培训

以获得的 2017 年三家国家林草专职培训机构数据为例，面授式培训达到 30512 人，网络式注册培训达到 89537 人（表 2-3）。

表 2-3　2017 年国家级直属培训机构脱产面授与注册网络培训占比情况

培训机构	集中面授培训		注册网络培训	
	班次个数	培训人数	培训人数	网络课程数
国家林业局管理干部学院	235	19612	89537	500
国家林业局人才中心	66	6900	0	0
国家林业局警官培训中心	30	4000	0	0
合计	331	30512	89537	500
占比（%）*		25.4	74.6	

注：＊占比为脱产培训人数和注册网络培训人数之比。

从培训规模来看，网络培训人数远远大于集中面授。集中面授受训者需要脱离工作岗位，有后勤服务、培训师资、场地设备等多方面的要求，三家培训机构继续大幅度快速扩大规模可能性较小。而从发展趋势及可行性来看，网络培训存在迅速扩大规模的可能性。

2018 年党和国家机构改革，2019 年南京森林警察学院归属公安部，警官培训不再属于林草系统，人才中心也因职能变动缩小了干部教育培训业务。自 2019 年以来，国家林草局管理干部学院作为林草干部教育培训主渠道、主阵地作用进一步凸显，承担和实施局计划培训班的比例较大。与此同时，网络培训形式更加灵活和自由，大量的网络培训班应运而生（表 2-4）。

表 2-4　国家林草局管理干部学院面授培训和网络培训比较

年份	集中面授培训		网络培训班		注册网络培训	
	班次个数	培训人数	班次个数	培训人数	培训人数（万）	网络课程数（门）
2018 年	248	19931	0	0	9.6	520
2019 年	305	27511	0	0	10	540
2020 年	130	14387	5	5382	11	600

从参训人员来看，国家层面的培训机构所承办的集中面授培训班，主要来源于国家林草局下达的年度培训计划，同时承接一些其他部门林草专题培训、地方委托培训以及社会培训。本次研究参训人员统计主要依据《国家林业和草原局办公室关于印发 2020 年干部培训班计划通知》，能够反映林草行业及相关干部培训的基本情况；网络培训对象统计，来源于中国林草教育培训网培训平台的培训对象和林草网络学堂的网络培训参训人员，详见表 2-5。

表 2-5　国家林草局层面集中面授与网络培训参训人员比较

培训模式	培训对象及类型
集中面授	局机关及直属单位处级干部和司局级干部任职培训、理论培训和业务培训；局机关公务员岗位培训；局机关及直属单位新任职人员培训；局机关及直属单位党、团、纪、青、工、妇委干部及入党积极分子培训；局机关及直属单位、各省（自治区、直辖市）、计划单列市、新疆兵团林草管理部门和森工集团综合、财务、人事等各职能部门负责人和相关工作人员培训以及各业务部门负责人和相关工作人员业务培训；国有林场、自然保护区、森林公园、林业工作站等多个林业关键岗位人员及技术骨干培训；中直机关、中央国家机关绿化委员会办公室（简称绿委办），解放军、武警绿委办，有关部门（系统）绿委办负责人培训；市级、县级林草局局长及技术骨干培训以及非林背景人员林草知识培训；林业民营企业家及管理人员培训；野生动植物进出口企业人员及海关关员培训；各协会相关培训；等等
网络培训	乡镇林业工作站岗位人员、林木种苗质检员、林业调查规划设计人员、森林公园管理人员、浙江省林业局非林专业干部业务培训、贵州省林业局非林专业干部，以及参加网络培训班的部分局机关及直属单位党委干部，各司局、派出机构及直属单位新录用人员，营造林监理员等

林草干部教育培训国家层面的集中面授具有以下特点：培训对象涵盖了局机关及直属单位各级干部、行业中高级干部和技术人员；培训内容涵盖了政治理论、业务管理、专业知识和相关技术等方面，覆盖面较广。相比之下，网络培训虽然人数相对较多，但培训对象覆盖面较窄，仍然属于发展阶段。

2. 集中面授培训情况（表 2-6）

（1）计划内和计划外培训班情况：计划内培训涵盖培训机构承办的、列入国家林草局培训计划的所有培训项目，这些培训班多是各司局主办，委托培训机构实施，小部分是培训机构为主办单位的培训班，同时涵盖了其他部委委托的培训班，如商务部委托的林业援外培训项目；计划外培训包括地方委托的培训，以及自主开发的其他形式培训班如送教上门培训项目等，计划外培训班通常具有一定的不稳定性，根据当年的培训实际情况而定。

表 2-6　2017 年国家林业局直属三个培训机构集中面授培训情况

培训机构	计划内培训		计划外培训	
	个数	总人数	个数	总人数
国家林业局管理干部学院	140	11715	95	7897
国家林业局人才中心	58	6241	8	659
国家林业局警官培训中心	24	3101	6	899
合计	222	21057	109	9455
占比（%）	67.1	69.0	32.9	31.0

注：目前国家林业局人才中心已撤并，国家林业局警官培训中心已随南京森林警察学院划转公安部。

计划内培训班个数和人数分别占 67.1% 和 69.0%，承接地方委托和自主开发约占 1/3，林业干部教育培训仍然是以计划为主（表 2-7）。

表 2-7　2018—2020 年国家林草局管理干部学院计划内和计划外培训情况

项目名称	计划内培训		计划外培训	
	个数	总人数	个数	总人数
2018 年	126	10094	122	9837
2019 年	190	16145	115	11366
2020 年	97	9460	33	4937
合计	413	25605	270	26140
占比（%）	60.5	49.5	39.5	50.5

2018—2020 年局计划培训班比例逐渐变小，尤其在人数方面，计划内与计划外分别占 49.5% 和 50.5%，几乎持平。

（2）长期班和短期班情况（表 2-8）：在集中面授培训中，按照时间长短分为长期培训和短期培训，本研究把培训期为 30 天及以上的称为长期培训，30 天以下的称为短期培训。

表 2-8　2017 年国家林业局直属三个培训单位脱产长短班情况

培训机构	长期脱产培训班		短期脱产培训	
	个数	总人数	个数	总人数
国家林业局管理干部学院	2	78	233	19534
国家林业局人才中心	0	0	66	6900
国家林业局警官培训中心	2	170	28	3830
合计	4	248	327	30264
占比（%）	1.2	0.8	98.8	99.2

从表 2-8 中可以看出，长期培训班个数只占总培训班个数的 1.2%，人数占 0.8%，无论是班数还是人数占比都非常小；短期培训个数占比 98.8%，人数占比 99.8%，短期培训从培训班个数和培训人数上呈压倒优势。国家林草局管理干部学院从 2019 年起，增加了一个为期一个月的年轻干部培训班，但 2020 年以后，党校班减少了一期，因此，仍然是以短期脱产培训占绝大多数。

（3）按培训内容分类的培训班情况：国家林草局管理干部学院是国家林草局干部教育培训的主阵地、主渠道，是目前林草行业唯一一所国家级管理干部教育培训机构，培训任务量最大，涵盖面最广。以国家林草局管理干部学院 2019 年全年培训为统计依据，对不同培训内容分类统计，见图 2-1。

政治教育类培训指的是为贯彻落实党和国家重大会议精神和决策部署的集中轮训、

党的基本理论和党性教育的专题培训，如2019贯彻落实党的十九届四中全会精神的集中轮训，参训人员为国家林草局机关及直属单位司处级干部，主要负责党务、组织、宣传、纪检、青年、统战等工作。其中党的基本理论和党性教育的专题培训班参训人员包括司局级、处级干部，党委、党支部、纪委等干部，这类培训参训人数占比3.28%，培训天数占比7.42%。任职类培训包括新录（聘）用人员初任培训和晋升领导职务的任职培训，2019年为例，任职培训班参训人数占比0.54%，培训天数占比1.26%；岗位培训的参训人员为处级干部、科级干部、业务骨干、林场场长、工作站站长、县级林草局局长、保护区管理局局长等，参训人数占比22.49%，培训天数占比21.15%；综合素质能力培训，参训人员大部分为处级领导干部，还有科级干部、年轻干部、业务骨干等，参训人数占比4.24%，参训天数占比10.26%；林草业务培训，参训人员为处级、科级、专业技术人员、管理人员、教师、国外林业干部，等等，参训人数占比68.94%，参训天数占比59.44%；其他培训，包括入党积极分子、基层人才等培训。总的来看，前二类培训都是针对国家林草局机关及直属单位的培训，因此规模相对较小；第3、4、5类培训是针对整个林草行业的，培训比重大，参训人数占总培训人数的95.67%。

（4）按主办单位分类的培训班情况：主办单位决定着培训办班经费的来源，从国家林草局管理干部学院2019年全年举办的培训班来看，主要有人事司、林干院、局机关及直属单位、协会、地方林草单位、中组部、商务部、局党校及其他单位，培训班个数和参训人数占比情况见图2-2。

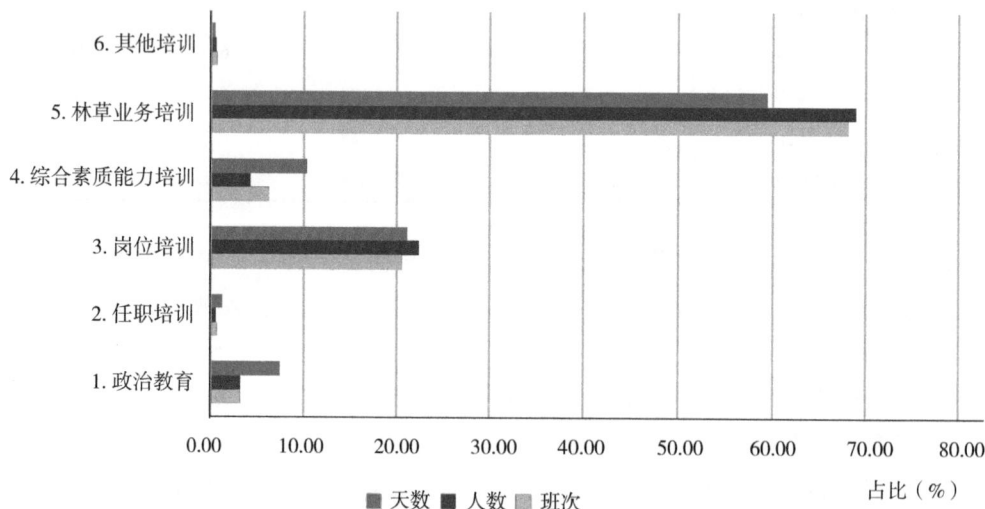

图2-1　2019年国家林草局管理干部学院各类培训占比情况

局机关各司局及直属单位委托的培训班次和参训人数最多，占比分别为42.95%和41.82%，这些培训班大多数是针对整个行业的业务培训班，课程设计由业务司局自己主导，培训机构具体负责实施。其次是国家林草局管理干部学院自己主办培训班，班次数和参训人数分别占比为 26.56% 和 33.10%，这些培训班次部分属于专项经费支持的培训班，纳入国家林草局培训计划；部分属于自主开发培训班次，培训经费为单位或学员缴费，如面向国有林场场长、森林公园主任等的森林特色小镇建设专题研究班，如送教上门培训班，学院设计课程、组织教师去培训单位实施培训，培训成本低、效率高；地方林草单位委托的培训班，班次数和参训人数分别占比为 15.41% 和 13.29%；人事司主办的培训班相对稳定，每年都有，2019 年共计 15 个班次，参训人数 1073 人，这类培训班委托局管理干部学院实施，是学院的主体班次，单个班时间长，课程内容和教学方式丰富，主要有素质能力业务综合培训或专题培训；商务部委托的培训班主要针对发展中国家林业干部培训，援外培训以及其他国际培训近年得到快速发展；各类协会尤其是生态工程协会培训班比较稳定，每年都有相似数量的培训班；其他主办单位主要包含少量行业外委托的一些培训班；局党校班相对固定，时间长达 3 个月。

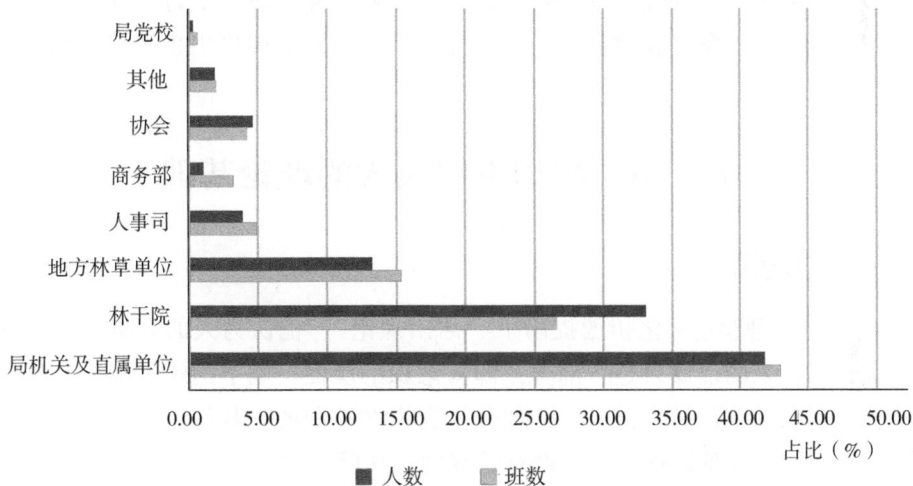

图 2-2　2019 年国家林草局管理干部学院不同主办单位培训占比情况

二、问题分析

（一）计划培训多，联合培训、菜单式订购、送教上门少

计划培训多，比例大。一方面，学员学习内生动力不足，工作忙等都可以成为不参加学习的原因，导致出现所谓"培训专业户"的现象；另一方面，计划培训更多考虑组织需求，考虑主办方需求，对学员单位和个人需求方面有不同程度的忽略。

（二）主办单位多，项目内容有交叉，质量难保障

对于行业业务培训来说，主办单位多，尽管统一计划，各司局还是自行设计、自行委托或组织实施，因此存在一些问题，一是培训项目内容存在交叉重叠现象，可能

出现重复参训、重复学习；二是主办单位把项目委托谁来实施自主权大，由于各机构的培训能力和水平有差别，整体培训教学质量难以保障。

（三）网络培训覆盖范围小，培训班数量少

目前，林草网络培训主要以专业学习平台为主，涉及全国乡镇林业站人员、林木种苗质检员、林业调查规划设计人员、森林公园专题覆盖的人员，以及浙江省林业网络学堂针对的非林背景人员和贵州地方网络学堂面向当地人员；网络培训班数量较少，主要是以直播或录播方式组织的培训班或线上线下混合培训班。林草干部网络培训还有巨大空间，覆盖范围和培训内容亟待扩展；与网络培训相关的其他方式如慕课、微课、虚拟课堂、云上现场教学等需大力开发和加强建设。

（四）从集中培训来看，短期班多，长期班少

国家林草局管理干部学院一直以来每年只有两期为期3个月的党员干部进修班（党校班），近两年由于疫情一年举办一期。据了解，党校班学员普遍反映3个月全面系统学习党的理论，学习收效巨大。但相比之下，短期培训班仍是林草干部教育培训的主体形式。

第三节　培训组织模式的理论基础

一、冰山理论

1895年，心理学家弗洛伊德提出了"冰山理论"，他认为人的人格就像海面上的冰山一样，露出来的仅仅只是一部分，即有意识的层面，剩下的绝大部分是处于无意识的。他认为人的言行举止，只有少部分是意识在控制的，其他大部分都是由潜意识所主宰，而且是主动地运作，人却没有觉察到。其后，"冰山理论"广泛应用到文学、心理学、管理学、医学等各界。在人力资源管理中，依据"冰山理论"，把人的能力和素质分为可见部分和不可见部分。可见部分包括基本知识和基本技能，这些知识可以通过各种学历证书、职业证书或专业考试来验证，这些可见部分相对来说比较容易识别。不可见部分是人的潜在能力和素质，就如冰山有7/8存在于水下一样，人的不可见能力和素质占绝大部分，支撑了一个人的可见能力和素质部分，在更深层次上影响着个人和组织的发展，不可见部分包括职业意识、职业道德、职业态度等，它们处在不可见状态，如果不加以激发，只能潜意识地起作用。在干部教育培训中，更加注重综合素质能力提升，强化政治信念、党性意识、思想道德、敬业精神、作风态度、文化素养等的教育培训，筑牢拓宽冰山下层基础，强化行为的有意识掌控，提升自我，进而促进组织的发展。

二、终身教育理论

终身教育是指人们在一生各阶段当中所受各种教育的总和，是人所受不同类型教育的统一综合。包括教育体系的各个阶段和各种方式，既有学校教育，又有社会教育；既有正规教育，也有非正规教育。主张在每一个人需要的时刻以最好的方式提供必要的知识和技能。终身教育理论由联合国教科文组织成人教育局局长保罗·朗格朗于1965年在成人教育促进国际会议上正式提出，1970年在其出版的《终身教育引论》中认为：在当今时代，那种只靠青少年时期接受几年教育便能受用一辈子的情况已经过时。时代的发展要求人们必须不停地接受教育，不停地学习。终身教育就是要培养学习习惯和获得继续学习所需的各种能力即"学会学习"，为在未来学习化社会中生存和发展做好准备，以便能过一种更和谐、更充实和符合生活真谛的生活。终身教育概念自正式提出来之后，快速传播并不断深化扩展，成为当代世界一种重要的教育思潮。1997年，第五届世界成人教育大会通过了《汉堡宣言》和《为了成人学习的未来》两份纲领性文件，明确提出：为了构筑学习化社会，必须建立终身学习体系，把正规教育和非正规教育的功能和效果紧密结合起来。宣言认为："知识经济"社会的出现，信息量的迅速膨胀，使获取和使用信息成为人们生存的重要能力，唯有教育，特别是对成人的教育，是帮助人们面对这些变革的有效手段；应从目标、内容、方法方面重新认识成人教育的重要意义。

三、培训发展理论

1961年，麦格希和塞耶出版了《企业与工业中的培训》，提出组织分析、任务和经营分析、人员分析三种分析方法，可应用于企业选拔合格人员、编制培训计划、设计培训方法等。其中，组织分析强调组织与组织目标、资源与资源分配之间的关系，旨在为实现组织目标制定具体的培训单元、项目和内容。任务分析是确定工作进行过程中的活动以及为完成任务所需的条件。人员分析的目的是了解哪些人员需要接受培训，培训的内容应该是什么。弗农汉弗莱于1990年在《全组织的培训》一文中提出：一个单位或一个组织应该从整个单位或组织考虑培训计划。这一培训要求首先对组织进行分析，然后再进行个人分析。先从总体上考虑培训，可以达到使个人培训最终为组织目标服务的作用，从而提高组织的效率和培训效果。这一培训理论主要将培训工作分析作为一切培训的起点，将提高组织效率作为培训工作的终点，从而使培训完全为组织能力提升服务。通过对组织目标和岗位的分析，确定组织所需要的知识体系，然后通过人员分析，确定培训所需要的内容。

四、信息不对称理论

信息不对称理论由肯尼斯·约瑟夫·阿罗首次提出，三位美国经济学家阿克洛夫、斯彭斯、斯蒂格利茨进一步研究形成的，是指在市场经济活动中，各类人员对有关信息的了解是有差异的；掌握信息比较充分的人员，往往处于比较有利的地位，而信息贫乏的人员，则处于比较不利的地位。该理论认为：信息不对称造成了市场交易双方的利益失衡，影响社会的公平、公正原则以及市场配置资源的效率。在教育培训领域，哈耶克把知识分成两类：一类是科学知识，即被组织起来的知识由专家所掌握，在理论和书籍中可以得到；一类是特定时间和地点的知识，为处于当时和当地的人所拥有。按照哈耶克对信息的分类，教育培训所提供的信息主要是科学知识，是经过总结的信息，当然也不排除在实践中特定环境下的特殊技能。根据这一理论，作为教育培训内容的科学知识是一种社会资源，长期以来一直处于被垄断和实行国家配给的状态（如通过考试制度），资源配置的效率低下，需求方和供给方之间存在明显的信息不对称。在教育培训的过程中，由于信息不对称的存在，需求方很难对所学知识的必要性进行判断，更进一步影响了科学知识的传播。根据信息不对称理论，培训需求的确定，不能单纯根据培训对象调研结果而定，还需要综合考虑组织需求、供方的综合判断。该理论支持计划培训的重要，同时证明终身学习的重要性。

第四节　林草干部教育培训组织模式的构建及优化建议

在总结培训现有组织形式的基础上，针对问题，着眼发展，针对林草干部教育培训进行组织模式构建和优化。

一、统一计划培训模式

统一计划培训模式就是由国家林草局人事司组织对局全年培训进行需求分析、统筹计划，由局属专业培训机构实施的培训组织模式。这类培训模式集中反映组织需求，涵盖公务员法范围内的固定培训和根据局新形势新任务新要求而开展的各类素质能力、业务工作的培训，服务局中心工作的推进和人员素质能力的提升。根据近年改革发展需要，计划培训模式发生了改变，以前是由各司局、各单位年底根据需要设置培训计划，报人事司汇总，生成下一年度计划培训项目。后疫情时代，计划培训规模大为缩减，改为统一计划模式，年底人事司组织对各司局、各单位培训需求进行调研（也可以由各司局、各单位报下一年度培训需求），并组织相关单位和人员进行整合统筹，尤其是针对业务培训，打破以往主办单位组织的界限，以内容为主要依据，能合并的合并，需要分开的分开，避免重复培训，更加注重培训的精准性。在这种模式下，培训班类型分为"党建及公务员法定培训""林草行业关键岗位领导干部综合培训""重点工作专题培训""专业类培训"四类，从整体上对全局干部教育培训进行统筹。

二、自主开发培训模式

自主开发模式就是由专业培训机构根据林草行业改革发展对干部素质能力提升的

需求和业务范畴的重点热点，而开发的针对行业管理和技术干部来设计举办培训的模式。自主开发模式是统一计划培训模式的有效补充，主要包含以下四种形式。

（一）菜单式培训

培训机构针对某类单位或某一领域，提供菜单式培训项目，由培训服务对象进行选择而开展培训的模式。服务对象可以是单位也可以是个人。这种培训组织形式并不陌生，但在林草干部教育培训中应用较少，而目前开展这种模式的培训迫在眉睫。一方面，计划培训规模大量减少，行业业务培训需求并没有减少。随着林草国家公园行业职能增加，覆盖面增大，生态修复保护意义和责任增强，新理念、新政策、新技术层出不穷，干部业务素质能力需要提升。"十四五"期间林草建设任务无论是硬性指标还是涉及范围都远远超过以往。这对林草行业干部素质能力和业务工作效率提出了更高要求。另一方面，这类培训属于自主开发的项目，以往没有计划性，成熟一个推出一个，由于项目多，致使地方林草单位不断接到培训项目通知，杂乱无章，不胜其烦。因此，采取"菜单式培训"这种模式，解决需求大与项目杂乱的矛盾，有序有效开展行业培训。这就需要开展大量前期需求调研，有针对性地进行培训项目总体设计，提供全年培训项目菜单，每个项目包括培训主题、培训目标、培训对象、培训时间、培训地点、培训内容、培训方法等，供地方单位一次性选择。由地方单位组班或派送人员组成区域或全国范围的培训班。这种模式也可以以课程菜单形式，在网上供学员学习。

（二）定制式培训

定制式培训一般以解决实际问题为主要导向，单位带着问题寻求通过培训得到改善，培训机构根据单位的期望，在调查研究的基础上，特制一套满足单位需求的培训方案，在征得单位同意后进行培训实施。单位提出需求和培训目标，但对培训方案不提出具体意见和要求。培训机构需要借助自己掌握的培训知识、培训经验和培训资源，针对单位的需求和现状进行充分了解，通过合理设计课程、选择教师、选择教学方法和教学场景，实现培训目标。这个教学方案是为该单位特制的，其他单位不一定适用。

（三）委托式培训

由委托单位提供资金并组织生源，把培训班委托给培训实施机构进行培训的模式。这种培训班在林草行业存在已久，也将继续存在下去。双方签订委托协议后，委托单位资金到位，培训机构依据培训实施程序，按质量完成培训班。这类培训班大多数是按照委托方意愿设计培训课程、设计现场教学内容和地点，或者直接由委托方提供培训方案，培训实施机构组织选聘教师，负责实施。委托方毕竟不是专业培训机构，培训实施机构要充分了解委托方培训目的，充分了解培训对象状况，结合自身在培训资源和培训经验方面的优势，参与培训方案的制定或对完善培训方案提出意见，同时，培训实施机构要对一些单位不正确的培训观或不正当的要求给予坚决抵制，确保培训高质量合规开展。

（四）联合式培训

两个或两个以上的单位共同完成同一个培训项目的模式。分两种情况，一是由地方单位提供资金、组织生源，实施则由培训机构按照培训方案组织匹配师资，到地方开展培训教学。这种模式对于林草行业而言是一种非常受欢迎的培训组织模式，基层单位不出远门，就能享受到优秀师资带来的高质量培训，节约成本，受众面广，高效实用，这种方法也叫送教上门；二是一方提供资金、组织生源、设计方案、聘请教师，另一方提供场地、教学设施设备和后勤服务，实施组织和学员管理。

三、网络培训模式

《干部教育培训工作条例》指出，充分运用现代信息技术，完善网络培训制度，建立兼容、开放、共享、规范的干部网络培训体系，提高干部教育培训教学和管理信息化水平，用好大数据、"互联网+"等技术手段。网络培训在林草干部教育培训中越来越受到重视，网络培训的比重会越来越大。主要有以下两种组织形式。

（一）网络点餐式

在网上建立一个平台，推送已经录制的多门课程，供培训对象选择学习。这种方式，充分满足学员个性化需求，网上课程多，学员数量不限，符合身份要求即可。目前林草干部网络课程学习平台还有巨大空间，覆盖范围和培训内容亟待扩展。除已建立的全国乡镇林业站人员、林木种苗质检员、林业调查规划设计人员和森林公园网上学习平台、浙江省林业网络学堂、贵州地方网络学堂等以外，建立全国林草行业非林背景人员林草知识学习平台、各项专题学习平台、林草建设实践典型案例平台、公务员知识更新平台等，都是林草行业干部教育培训急需和亟待开发的平台。通过建立菜单式课程体系，供学员选择，学员学满足够学分，平台测试合格，即可获得培训证书。

（二）网络培训班

网络培训班是以固定时间、固定对象和人数，针对某一领域或内容范畴开展的网上培训，网上课程可以是直播形式，也可以是录播形式。对于林草干部教育培训来说，网络培训班因新冠疫情而快速发展，有效解决人员远距离不能集聚的问题。对于知识类培训也可以通过网络培训班形式开展，能够不受距离、时间、教学资源的影响，覆盖到更多的人员，降低成本。但是网上培训班要克服学习枯燥、互动性少的缺点，充分采取现代网络信息技术，提高师生互动以及教学效果检测，探索网络培训班引入微课、网上答疑、网上研讨室、虚拟课堂、云端现场教学等，提升学员学习积极性和学习效果。

四、混合培训模式（线上线下）

中共中央印发《2018—2022年全国干部教育培训规划》中要求，干部教育培训和互联网融合发展，积极探索适应信息化发展趋势的网络培训有效方式，推行线上线下相结合的培训模式。"线上线下"干部教育培训模式不是简单地由线上课程和线下课程相加所得，而是需要"线上+线下"的深度融合、深度互动、深度联动，最终实现干部教育培训"线上+线下"一体化（程日庆，2020）。线上课程以理论知识学习为主，线下课程以素质能力提升为主，通过线上学习，参训人员可以获得知名专家学者或业务主管的权威解读，对所学知识有系统性的掌握，大大提高培训的质量和效果。尤其是录播课程，可以反复学习，慢慢消化，效果更好。线上学习后带着学习到的理论知识和疑难疑惑参加线下集中培训；线下培训的课程设计与线上呼应，深度融合为一个整体。线下课程可包括专题讲座、现场教学、体验教学、交流研讨、案例分析、情景模拟等多种互动式教学方法，通过解惑答疑、五感体验、头脑风暴、模拟练习等实现线上线下联动，提升素质能力，强化培训的针对性和实效性。

五、终身学习模式

终身学习模式就是建立行业网络学院，全面覆盖行业干部，分级分类制定海量课程和课程群，对特定岗位、特定职务提供必修课程或课程群，并有大量行业内外基础及前沿知识课程任选。行业干部终身为本行业网络学院的学员，网络学院不断推送与时俱进的课程，一方面学员根据自身需求任选课程进行学习，另一方面，组织根据需求要求特定学员学习特定内容，并通过线上测试。同时，不断进行学习反馈和需求反馈，不定期组织特定人员进行线上研讨。知识学习和拓展主要在网上由学员自主完成，重点岗位素质能力提升，以及重点工作、重要领域的知识应用和实际问题解决通过线下集中培训完成。这种模式以终身教育理论和信息不对称理论为基础，通过互联网、物联网、大数据、云技术、虚拟技术等现代信息技术和网络教学手段，使干部教育培训不受时间限制、全员覆盖、内容全面、重点突出，每个人的学习留有痕迹，开展的培训有记录。

总之，目前培训组织模式是以统一计划模式为主，自主开发模式补充，线上和线下有机结合，个人网络学习和集中培训并存。终身培训学习模式是一种理想模式，也已成为干部教育培训的发展趋势。

第三章

林草干部教育培训的设计开发模式

第一节　设计开发模式的界定及研究意义

"围绕党在不同时期的历史任务和中心工作，加强干部教育培训，是我们党搞好干部教育培训工作的一条基本经验"（高世琦，2021），根据不同组织需要，不同岗位特点以及不同领导干部的个体需求，合理地设置培训目标，策划培训方案，有针对性地科学策划和组织实施培训，是干部教育培训的基本要求。本章节对于林草干部教育培训设计开发模式的界定来源于两种层面的考虑，分别是宏观角度对于培训项目的策划以及微观上具体培训内容的确定，但是无论是项目策划还是内容确定，都依赖培训的需求调查和分析。按需施教是干部教育培训的基本规律，早在 2011 年党中央在对于干部教育培训意见的相关文件中就曾指出，必须坚持"以人为本"，"真正做到科学发展需要什么就培训什么"，"不搞一刀切"。《2010—2020 年全国教育培训规划》中明确要求"完善体现培训需求的计划生成机制"。《2018—2022 年全国干部教育培训规划》在健全培训制度体系中提出了"牢固树立按需培训理念，突出组织需求和岗位需求，把需求调研贯穿训前、训中、训后全过程"。由此可见，按需培训是把控干部教育培训质量的重要环节，以需求为导向进行培训设计开发，其重要性不言而喻。在这样的背景下，建立规范、科学的培训需求调查体系，依据培训需求策划培训项目和设计课程内容，规范干部教育培训的设计开发过程，有助于构建现代培训模式，指导干部教育培训管理实践。

一、概念界定

从宏观角度看，干部教育培训的设计策划指的是培训项目的开发和设计过程，培训目标明确、定位准确，才能够策划出符合培训需要、行之有效的培训项目。设计开发作为现代人力资源管理的一个重要职能，对于组织来说主要是为长期战略绩效和近期绩效提升做可行性探索，确保组织成员在组织发展、工作岗位以及个人素质能力提升需要下，通过培训学习，有机会、有条件进行个人素质能力提升。因此，培训的设计模式更关注如何以培训需求为导向，设计策划培训项目及课程内容。干部教育培训的培训需求一定要关注组织需要、岗位职责和干部个人需求三个方面，从而精准定位培训目标（丁娜和陈立桥，2021）。因此，培训设计开发模式下，不仅包含需求调研、项目的设立，还包含方案的策划、对于方案实施的反馈以及项目结束后的复盘，把培训活动看作一个整体，关注设计开发的细节和反馈，科学评估设计策划活动对于整个培训项目的影响，有助于培训管理工作的开展和实施。

从微观角度分析，干部教育培训的开发设计模式还涉及具体授课内容的设计。根据不同层级、不同类别、不同岗位领导干部的特点和需要，有针对性地安排授课内容，组织开展培训活动，是突出培训特色与强化培训实效相结合的重要举措。干部教育培训的课程开发，主要体现在课程内容的确定、方式方法的选择以及各项课程的安排等方面，在实际工作中，需要培训策划设计人员以及授课教师紧密联系行业工作的重点、热点和难点，实实在在地帮助领导干部解决工作中的问题和疑惑。

二、研究意义

从培训质量管理的角度看，培训方案是提供给学员最直接和最基本的教育产品，对于实现培训目标，帮助参训领导干部扩展知识、提升素质和能力，甚至是改变学员的学习态度、规范工作行为，最终实现对学员的成长和发展都具有促进作用，同时也是培训实施机构履行培训职能、增强自身竞争力和提升影响力的重要途径。近年来，各行业培训机构深入贯彻《2010—2020年干部教育培训改革纲要》《行政学院工作条例》等相关政策精神，认真学习习近平总书记在国家行政学院调研时关于"处理好科学理论教育、党性教育、公仆意识教育和知识教育、能力教育的关系"的重要讲话，不断加强培训教学方案设计的科学性，提高设计策划的统筹性、时代性、针对性和实效性（杨艳玲 等，2014），确保干部教育培训的设计开发更加贴近党和政府工作需要，更加贴近培训学员的实际需要。其重要意义主要体现在以下几个方面。

（一）从功能上看，培训设计开发是提升公共部门治理能力的重要载体

培训教学设计是培训机构开展培训工作、实施培训项目的首要步骤，而干部教育培训的主要目的就是通过培训活动实现参训领导干部素质和能力的提升，尤其是加深党员干部对党和政府决策部署的理解、增强公职人员贯彻落实党和政府决策部署的自觉性、坚定性，提升公共部门贯彻落实党和政府决策部署的能力。例如，《行政学院工作条例》就曾明确指出行政学院要"围绕党和政府的中心任务，以增强公务员素质和行政能力、提高公共行政管理水平为目标，开展教学培训、科学研究、决策咨询，为党和国家事业发展服务"，因此"围绕中心、服务大局"是干部教育培训机构必须牢牢坚持的办学方向，是各级行政学院、管理干部学院义不容辞的重要职责，能够体现干部教育培训与其他成人培训机构相比的独特优势。教学设计作为干部教育培训的核心要素、重要环节，是贯彻和落实党和政府决策部署的重要载体，教学设计的好坏、课程的配置内容和比例，直接决定着干部教育培训机构能不能服务好党和政府工作，是履行好党中央、国务院赋予职能的关键所在，各级干部教育培训机构只有把贯彻落实

党和国家、各级党委政府的决策部署纳入课程之中，才能促进中央精神进课堂、进头脑，才能有效促进培训成果转化，因此，教学方案的设计是贯彻党和政府决策部署的重要载体，意义重大。

（二）从目标上看，培训设计开发是增强干部素质能力的重要依托

根据领导干部的身份特点和岗位职责要求，不同层级的领导干部需要具备与岗位职责相匹配的能力和素质，这样才能履行好工作职责。现代政府管理理论中，领导干部具备的胜任力分为以下几个类别：首先，作为党和国家的干部应该具备一定的政治理论水平，具有较高的政治鉴别力和政治敏锐性；其次，现代公共治理理念要求新时期的党员领导干部要具备一定的业务管理水平，能够掌握本职工作所需的专业知识，同时具备一定的现代管理理念，力求成为既精通业务又具备管理能力的复合型管理人才；第三，具有一定的政策执行能力和水平，党员领导干部对于政策的理解是否到位、政策执行力的高低（包括政策制定水平、解释能力和执行水平），在一定程度上决定着其专业素质和政策执行乃至驾驭全局的能力。干部教育培训教学设计的中心目标是传播知识、提升理论水平，作为干部学习的重要载体，在培训方案中体现的课程结构、课程内容以及教学方法都直接决定参训领导干部能否通过培训这种手段获得相应的知识能力，并转化为提升工作效果的素质和能力。因此，培训的设计开发一定要以满足参训党员领导干部在理论素养、党性修养、道德素养和业务素质等方面的综合需要为导向，这也是培训设计开发模式中力求达到的最核心目标。

（三）从管理上看，培训设计开发是决定培训质量的关键要素

培训质量直接关系和影响着干部教育培训机构的影响力和竞争力，也是衡量干部教育培训机构最直接的依据，而其中的教学设计直接决定了一个培训项目质量的好坏。对于领导干部来说，好课程的标准是能否拓展和更新专业知识，提升工作技能和个人素质，为解答工作问题、寻找解决方提供启示。也就是说，培训内容作为培训设计开发的核心要素，影响着培训项目的成功与否、培训目的是否实现以及培训质量的高低好坏。所以，培训的设计开发工作，是决定培训质量的关键要素。而培训教学设计本身是一项复杂的工作，具体包含了需求调研、内容选择、方案设计、方法运用以及课程开发使用后的评估改进、主题更新、内容完善等环节。每一个环节都直接影响着培训质量，并对整个培训项目的评估产生重要影响。

（四）从特性上看，培训设计开发是提高培训机构核心竞争力的有力抓手

《2010—2020干部教育培训改革纲要》提出，干部教育培训"到2020年应建立更加开放、更加有活力、更有实效的中国特色干部教育培训体系，形成党校、行政学院、干部学院主渠道作用充分发挥，高等学校和其他培训学校积极参与、网络培训广泛运用，开放竞争、充满活力的办学体制"。为了营造这样一个开放竞争的干部教育培训大格局，干部教育培训机构应突出自己的办学特色、努力彰显办学优势，只有这样才能具备竞争力和影响力。尤其是对于行业培训机构来说，设计开发的特色直接决定干部教育培训机构是否具备核心竞争力，起到至关重要的决定性作用。培训设计开发所涉及的教学内容、培训方法、组织方式、师资配置及授课水平等关键因素，都会成为衡量干部教育培训机构水平的重要标准。

第二节　培训设计开发的研究综述

一、理论原理

（一）期望效价理论

期望理论（Expectancy theory）是由北美著名心理学家和行为科学家维克托·弗鲁姆于1964年在《工作与激励》中提出来的，又被称作"效价–手段–期望理论"，是管理心理学与行为科学的一种理论。这个理论可以用公式表示：激动力量＝期望值×效价。在这个公式中，激动力量指调动个人积极性，激发人内部潜力的强度；期望值是根据个人的经验判断达到目标的把握程度；效价则是所能达到的目标对满足个人需要的价值。这个理论的公式说明，人的积极性被调动的大小取决于期望值与效价的乘积。也就是说，一个人对目标的把握越大，估计达到目标的概率越高，激发起的动力越强烈，积极性也就越大。在干部教育培训的设计开发工作中，可以运用期望理论把握培训需求，设计出符合组织和学员个人需要的培训项目（张丽，2008）。

运用期望理论解释培训过程，可以做以下理解："个人努力"指始发行为的强度，通常受到学员个人的工作能力、工作目标影响；"个人成绩"指个人预期达到的成绩或外界确定的成绩标准，它作为一级目标，是个体获取组织奖励的工具；培训作为典型的"组织奖励"途径和形式，组织奖励分为内外两种，内在奖励（如赋予重任、提供发展机会等）和外在奖励（如提薪、晋级等）两种，它作为二级目标，是个体满足个人需要的工具，而培训实际是融合了内外两种奖励形式的需要，既提供了学员外出学习的条件和机会，同时也是激发学员工作热情、提升自身能力素质的方法；"个人需要"可以看作是个人需求，指个体尚未得到满足的优势需要，是外在目标发挥激励作用的内在基础。该模型说明，运用目标进行激励时，个体经历了两个层次的期望和效价的评估。期望 I 指个体根据目标难度与自我力量分析，可以判断行为成功的概率。假如这个概率恰当，个体就有信心和动力去实现一级目标。期望 II 指个体根据以往经验及情境条件分析，判断个人成绩导致组织奖励的概率。假如这个概率恰当，个体就会进一步评价组织奖励对满足个人需要的价值。因为人与人之间存在着个别差异，所以提供同样的培训学习机会，或者面对同一个目标时，不同的人会产生不同的效价和期望。这也就从侧面说明了即使提供同样的培训学习机会，每个学员的收获也是不同的。

期望理论中的实用效果原理和知验比较原理可以有效指导培训设计开发工作：首先，根据之前的分析，参训领导干部是基于自身提升素质能力的需要，选择培训项目进行参训，所以学员会特别关注培训的实用性，希望通过培训能给自己的素质和能力带来改变，而领导干部期望提升解决问题的能力或改善工作业绩，关注的是培训效果，培训策划者以此作为参考进行培训设计，运用的就是实用效果原理；其次，知验比较原理，因为参训学员大都是拥有工作经验的成年人，这类培训对象会不自觉地将自身拥有的经验与培训过程中获得的知识进行联系，通过比较，参训学员倾向做出对比，在这个过程中逐步明确和知晓此次培训能否给自己带来变化。无论是进行设计策划还是通过评估进行反馈，培训设计策划人员都应该把握机会、观察培训实施中出现的问题，合理地激发学员工作经验和培训内容的联系，通过反馈验证和调整培训方案、最大限度发挥培训的积极作用。

（二）需求分析理论

需求分析理论为干部教育培训的计划开发模式，尤其自主开发模式提供了理论上的指导，为构建自主研发的林草干部教育培训项目提供了必要支撑。

1. 三层分析理论

戈尔茨坦（Goldstein）认为培训需求分析包含组织分析、任务分析和人员分析三个方面。首先，从组织战略出发，制定培训计划，确定培训时间地点；其次，以工作任务研究为基础，确定培训项目和内容，包括检查工作说明书，工作具体内容和完成工作所需的知识、技能和能力等；最后，基于员工实际状况与理想之间的"目标差"，确定培训具体目标，策划培训内容方案。

2. 罗塞特需求分析理论

罗塞特（Rosette）提出的需求分析理论认为，需求分析应从不同的角度出发。具体包括理想状态的信息（理想的绩效状况及职位对知识、技能和态度的需要）、实际状态的信息（员工对所需知识、技能和态度的实际禀赋情况，受训者及相关人士对工作的感受等）、产生绩效问题的原因以及解决问题的途径。

3. 马斯洛需求层次理论

马斯洛（Maslow）需求层次理论重在解释人格和动机。个体成长的内在动力是动机，由多种不同层次和不同性质的需求所组成，不同需求可划分为不同层次和顺序，不同层次的需求及其满足程度决定了个体的人格发展境界。需求层次理论将人的需求划分为五个层次，即：生理需要、安全需要、社会需要、尊重需要和自我实现需要。低层次的需要基本得到满足以后，它的激励作用就会降低，高层次的需要就会成为推动行为的主要原因。有的需要一经满足，便不能成为激发人们行为的动因。

4. 过程管理理论

作为现代组织管理最基本的概念之一，在国际标准化组织（ISO）制定的 ISO9000：2000 质量管理体系中，将"过程"定义为："一组将输入转化为输出的、相互关联或相互作用的活动。"系统地识别和管理应用，特别是辨别这些过程之间的相互作用，被称为"过程方法"。为保证组织有效运行，组织应当采用过程方法，用来识别和管理众多相互关联、作用的过程，对过程和过程之间的联系、组合和相互作用进行连续控制和持续改进，以增强顾客满意度和过程的增值效应。过程管理是指使用一组实践方法、技术和工具，用来策划、控制和改进过程的效果、效率和适应性，具体包括过程策划、过程实施、过程监测（检查）和过程改进（处置）四个部分，即 PDCA（plan-do-check-act）循环四阶段。PDCA 循环又称戴明循环，是美国质量管理专家休哈特博士首先提出，由他的学生戴明博士改进并推广和普及（张勇，2016）。

干部教育培训的设计开发位于戴明循环的第一个环节，即过程策划环节。从过程类别出发，对组织的价值创造过程和支持过程进行识别，从中确定主要价值创造过程和关键支持过程，并明确过程输出的对象，即过程的顾客和其他相关方。在实际培训中，一方面，要求确定培训学员和其他相关方的需求（如委托主管单位的组织需求、岗位职责需要以及培训管理机构的要求等），建立可测量的过程绩效目标（即过程质量要求）；另一方面，基于过程管理要求，需要融合新技术和所获得的信息，进行培训项目的课程内容、方式方法以及组织实施过程进行设计策划。其中特别要注意的是应遵循节奏进度原理，也就是合理培训节奏和进度，有助于实现培训效果，过于宽松的进度和节奏无法在有限的培训时间内发挥培训的最大效果，而过于紧张的培训进度则会适得其反，影响参训学员对于培训知识的吸收和掌握。

二、研究述评

在干部教育培训研究领域，从策划开发角度讨论培训课程的相关专著非常有限，已有研究集中在科学设置干部教育培训课程的重要性，但对如何开发课程论述较少。黄文华所著的《干部教育培训设计与管理》是个例外，该书详细阐述了制定干部教育培训的计划和教学设计的要求、内容、步骤，提出课程设计的基本程序和方法。不过真正开始关注干部教育培训课程开发的著作是杨魁、马建新、王月义编著的《从计划培训到需求培训的变化》一书，作者是基层党校的教职人员，从自身实践出发提出了课程开发的想法，分析了培训课程开发与管理的原则、步骤和方法，认为课程开发程序包括成立课程开发专家小组、收集素材、形成教案或讲课提纲、提请专家组评议、个性化修改、执行教案或讲课提纲、课中反馈、二度优化、教案备案等九个程序，同时该书也对课程评估提出了具体的操作方法。

在期刊论文方面，不同行业的培训管理人员和专家学者从需求导向出发，结合本行业培训项目及授课内容设计开发经验进行了不同探索。杨艳玲等以国家教育行政学院高校中层干部培训项目为例，对研究型干部培训项目设计与实施研究进行了专门探讨。李国重等通过对国有企业领导干部培训原则及具体培训项目的开发设计进行研究，以期进一步增强国有企业领导干部培训工作的实效性。被引用较多的，如基于岗位能力素质模型的培训课程开发，从岗位工作实际进行课程开发，并提供了课程开发的案例；对于如何加快干部培训教育课程开发、增强行政学院核心竞争力的研究指出地方行政学院应该作为课程开发的主体，以提高课程开发的效率（左贵元，2010）；《培养公共领域时代精英的摇篮——哈佛大学肯尼迪政府学院 MPA 教育（上）》介绍了肯尼迪学院的课程目标、课程内容和课程体系，给国内的公共管理硕士（MPA）教学提供了借鉴（季明明，2002）；也有研究者指出应该重视课程设置，提高课程的实用性和针对性（李玉明 等，2005；王伟，2008）；也有从课程开发的角度，探讨能力本位教育与培训理念的背景及理论基础，对能力本位教育与培训的课程开发模式进行评析，提出了实施能力本位教育与培训应注意的问题（高洁，2002）。

关于课程评价方面的著作并不多，范柏乃、阮连法等著的《干部教育培训绩效的评估指标、影响因素及优化路径研究》比较全面地回答了课程评价问题。该书从教育培训绩效评估的理论模型，如柯式（Kirkpatrick）四级评估模型、CIPP 评估模型、培训收益计量模型入手，进行干部教育培训绩效评估的理论和实践分析，并进行实证调查和统计，最终提出了干部教育培训绩效的优化路径。另外，中共中央组织部干部教育局编写的《干部教育培训运行机制改革问题研究》在教育评估方面收录了重庆市、北京市、广西壮族自治区党委组织部撰写的研究报告，指出干部教育培训评估方面存在的问题以及解决的办法，并提出建立评价体系的方法。此外，从保障干部教育培训质量的角度提出要加强教育培训的评估（董明发，2011）；针对当前基层党校课程评估的不足，将关键绩效指标（KPI）法引入到对基层党校课程评估中，利用 SMART（S＝Specific、M＝Measurable、A＝Aitainable、R＝Relevant、T＝Trme－bound）原则构建指标体系，注重评估过程管理和结论利用，实现对课程评估方案的改进，从而促进基层党校课程建设，提高干部教育培训质量（王艳，2017）。

三、研究工具

培训设计开发的研究主要源自西方的教育实践和培训实践，主要有以下研究工具。

（一）布鲁纳课程教学四原则（曹艳，2009）

1. 动机原则

布鲁纳认为，学习过程和效果取决于学习者对学习的准备状态和心理倾向。主动学习的表现形式有两种：一方面，重视已有经验在学习中的作用，因为学习者总是在已有经验的基础上，对输入的新信息进行组织和重新组织；另一方面，重视学习的内在动机与发展学习者的思维，人们普遍认同学习的最好动机是对所学材料本身的兴趣，不宜过分重视奖励竞争等外界刺激。

2. 结构原则

结构原则是指要选择适当的知识结构，并选择适合学员认知结构的方法才能够促进学习。布鲁诺认为任何学科知识都是具有结构的，反映了事物之间的联系和规律性。学习知识结构指学习认识事物是怎样相互关联的以及如何变化的。

3. 序列原则

序列原则是指要按最佳次序组织和实施教学内容。布鲁诺认为教材的序列直接影响着学习者掌握知识的熟悉程度。在任何特定条件下，合理的序列取决于多种因素。培训老师要根据培训内容、学员的学习能力、认知发展水平、个体差异、探索活动的特点来安排教学次序。这个原则对于培训老师合理安排培训内容的次序，保证学员对培训内容循序渐进地理解、吸收和掌握，具有重要的指导意义。

4. 反馈原则

反馈原则又称作强化原则，即要让学员适时了解自己的学习状态和学习成果。布鲁纳认为反馈原则是教学过程中必不可少的一种积极评价，通过提供有关的教学信息，了解教学效果，发现问题并进行校正。

（二）戴尔的"经验之塔"

"经验之塔"是一种关于学习经验分类的理论模型，比视听教学运动初期的左右分类方法都更有实用价值（陈维维，2015），如图 3-1 所示。

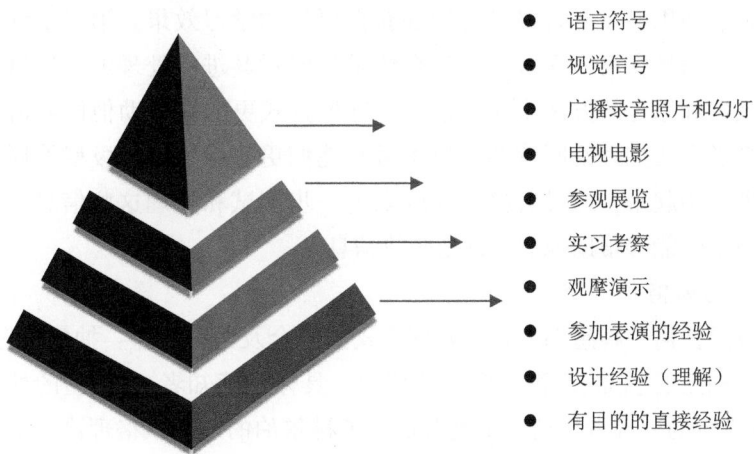

- 语言符号
- 视觉信号
- 广播录音照片和幻灯
- 电视电影
- 参观展览
- 实习考察
- 观摩演示
- 参加表演的经验
- 设计经验（理解）
- 有目的的直接经验

图 3-1 戴尔的"经验之塔"

普遍意义上的经验之塔所表现的学习经验可分为三类：首先，从行为出发进行的有目的的直接经验、设计的经验和表演的经验；其次，通过观察、演示、实习考察、展览、电视电影、广播、录音、照片和幻灯获得的经验；最后，提炼出包括视觉信号和语言符号的经验。综上，它是用来说明人的学习经验是从直接参与到用图像代替，再到用抽象符号的逐步发展过程。他认为："由视听方法带来的学习经验，既容易转向抽象概念化也容易转向实际具体化。"所以，位于经验之塔下部的学习经验最具体，越向上越抽象，根据不同的教材和方法所提供的学习经验的具体程度将它们分类，教师根据学员的需求和能力以及教学任务选择合适的媒介。经验之塔的分类基础是具体或抽象的程度与学习的难易无关，各类学习经验是相互联系相互渗透的。在林草干部教育培训的教学实践中应综合利用各种学习途径，最终目标是使得学习者的直接经验与间接经验产生联系。

（三）科尔伯学习风格类型

个体通过不同的学习方式进行学习，这些不同的学习方式被称为学习风格。因为个体通过不同的方式对信息进行感知和处理，所以在安排教学方法时学习风格是需要考虑的一个重要因素。而学习风格的划分以"人的认知过程"为基础，也就是"人类感知的两个维度"，以及由此衍生出的四种感知/处理方式：具体的和抽象的感知方式以及反思型和积极型的处理方式。

1. 两个维度

第一个维度是学习者如何感知信息，包括具体的和抽象的感知方式。两者吸收知识的方法是完全不一样的。对抽象感知者来说学习信息的最好方法是分析，他们更愿意去注意、观察、思考这些信息。传统的讲授法更适合抽象感知者。对于具体感知者来说，学习信息的最好方法是具有直接的经验，通过去做、活动和感觉来学习信息，通过仿真环境、使用模型和直接经验能够获得更好的学习效果。第二个维度是学习是如何进行的，即信息在第一次被介绍时个体是如何对其进行处理的。反思型处理者更加愿意通过反射和思考的方法来对待信息，这种方式更能够帮助他们弄清楚信息的含义。传统的教学方法如理论阅读和反思思考对他们更有帮助。积极型处理者则选择把新的知识立即运用起来，通过直接的经验来进一步测试和处理这些信息，进一步的直接经验和小组工作能够帮助他们更好地吸收信息。

2. 四种学习风格

个体可以是任何一种感知方式和处理方式的组合及四种类型：抽象的感知者/反思型的处理者，抽象的感知者/积极型的处理者，具体的感知者/积极型的处理者，具体的感知者/反思型的处理者。这四种类型构成了科尔伯的学习风格理论。学员可以被分别分为实用者、行动者、体验者和理论者（图3-2）。

实用者——具备良好的学习习惯，善于做决定、解决问题；但是很难集中精力评估。对于这种学员我们通常鼓励同伴间的互动与反馈，同时提供一定的技能、技巧。所以培训师的角色通常是学员自我指导式学习者的教练与支持者等。

行动者——善于制定可行的完成计划，具备一定的领导和冒险精神；但是过于强调目的。通常使用有技巧技能的训练来解决问题，如通过小组讨论、同伴间的互动和

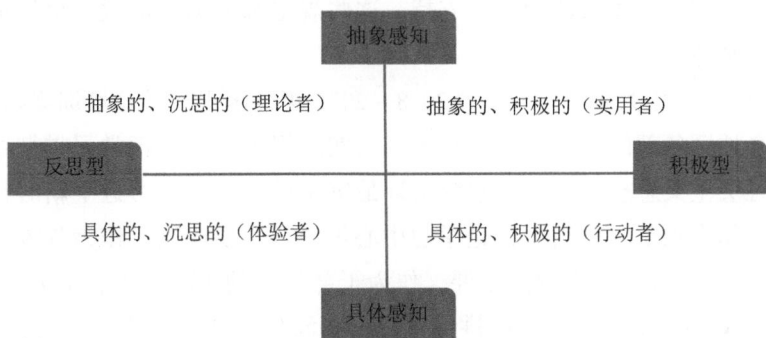

图 3-2　科尔伯学习风格类型

反馈，培训师是专业人士，由学员自行决定对策。

体验者——更加擅长学习想象、脑筋急转弯问题；但是忽视发现机会，乃至提出行动方案。包含大量反馈时间的课程讲授；在这种情况下培训师是开路者或引导者，提供专业指导，用外部的客观标准来判断学习和自身的绩效等。

理论者——擅长学习知识，制定计划，创建模型与理论；忽视从经验中学习，看到更广阔的前景。适合的培训方式有案例分析、理论研讨和独立思考等。

第三节　国内外设计开发干部教育培训的经验及启示

一、国内干部教育培训设计开发的依据

（一）国家的政策方针以及中央的有关文件规定

2015 年 10 月 18 日，中共中央印发了《干部教育培训工作条例》，体现了中央关于干部教育培训工作的新精神新要求，吸收了干部教育培训实践中创造的新经验新成果，根据新形势新任务对干部教育培训制度进行了改进完善，是做好干部教育培训工作的重要依据。条例对于干部教育培训的定位和要求作出了明确规定，提出了干部教育培训是建设高素质干部队伍的先导性、基础性、战略性工程，在推进中国特色社会主义伟大事业和党的建设新的伟大工程中具有不可替代的重要作用。干部教育培训工作必须坚持以马克思列宁主义、毛泽东思想、邓小平理论、"三个代表"重要思想、科学发展观为指导，深入贯彻习近平总书记系列重要讲话精神，紧紧围绕全面建成小康社会、全面深化改革、全面依法治国、全面从严治党的战略布局，以坚定理想信念、增强执政意识、提高执政能力为重点，把"三严三实"要求贯穿干部教育培训全过程，培养造就信念坚定、为民服务、勤政务实、敢于担当、清正廉洁的好干部，推动学习型、服务型、创新型马克思主义执政党建设和学习型社会建设，推进国家治理体系和治理能力现代化，为不断夺取中国特色社会主义新胜利、实现中华民族伟大复兴的中国梦

提供思想政治保证、人才保证和智力支持。这些规定都成为干部教育培训项目设计和开发的依据和来源。

2018年11月，中共中央印发了《2018—2022年全国干部教育培训规划》，并发出通知，要求各地区各部门结合实际认真贯彻落实。规划中坚持把学习贯彻习近平新时代中国特色社会主义思想摆在干部教育培训最突出的位置。把习近平新时代中国特色社会主义思想作为党委（党组）理论学习中心组学习主要内容，作为各级党校（行政学院）、干部学院、社会主义学院主课，作为干部学习的中心内容，不分心、不走神、不偏离，长期坚持、持续发力，精耕细作、不断深化，结合"不忘初心、牢记使命"主题教育，推动学习教育往深里走、往实里走、往心里走。实施"习近平新时代中国特色社会主义思想教育培训计划"，以县处级以上领导干部为重点，坚持集中培训与经常性教育相结合，坚持中长期系统培训与短期专题培训相结合，坚持理论学习与实践锻炼相结合，综合运用多种方式方法，深化习近平新时代中国特色社会主义思想学习培训。分别从党的基本理论教育、党性教育、专业能力建设和知识培训四个方面对于培训内容进行了阐释，并就不同干部学员特点提出了优化分类分级培训体系、建强培训保障体系、健全培训制度体系提出了明确要求。

（二）党和国家的中心工作和行业发展需要

干部教育培训是干部队伍建设的先导性、基础性、战略性工程，在进行伟大斗争、建设伟大工程、推进伟大事业、实现伟大梦想中具有不可替代的重要地位和作用。干部教育培训为的是培养造就忠诚干净担当的高素质专业化干部队伍，结合干部教育培训工作实际，不断把新时代中国特色社会主义推向前进。在《2018—2022年全国干部教育培训规划》中对于干部教育培训的主要目标进行了五个层次的阐释，也是干部教育培训项目开发和策划的目标依据，分别为：

①以习近平新时代中国特色社会主义思想为中心内容的理论教育更加深入，使之系统权威进教材、生动有效进课堂、刻骨铭心进头脑，广大干部马克思主义水平和政治理论素养不断提高，"四个意识"不断增强，"四个自信"进一步坚定，"四个服从"成为普遍自觉，思想行动高度统一。

②党性教育更加扎实，广大干部理想信念、党性观念、宗旨意识进一步强化，思想觉悟、政德修养、品行作风进一步提高，信仰之基、从政之基、廉政之基进一步牢固。

③专业化能力培训更加精准，广大干部适应新时代、实现新目标、落实新部署的能力明显增强，干一行、爱一行、精一行的专业精神进一步提升。

④知识培训更加有效，广大干部履职的基本知识体系不断健全、知识结构不断改善、综合素养不断提高，复合型领导干部的培养取得新进展。

⑤干部教育培训体系改革更加深化，干部素质培养的系统性、持续性、针对性、

有效性不断增强，具有先进培训理念、科学内容体系、健全组织架构、高效运行机制的新时代中国特色社会主义干部教育培训体系不断完善。

（三）不同领导干部岗位特点和职责要求

针对不同培训目标，不同培训学员需要建立健全培训体系，优化分类分级的培训内容，《2018—2022 年全国干部教育培训规划》中也做了明确的规定，具体分为以下几项：

1. 党政领导班子成员

围绕培养造就信念过硬、政治过硬、责任过硬、能力过硬、作风过硬的执政骨干队伍，以提高政治素质、增强党性修养为根本，以提升专业能力为重点，突出党的群众路线教育，加强各级领导班子成员的培训。

主要措施：①党中央就关系党和国家工作全局的重大理论和现实问题定期举办省部级主要领导干部专题研讨班。②中央组织部每年安排不少于 500 名省部级干部到中央党校（国家行政学院）进行系统理论学习；每年安排不少于 1000 名省（自治区、直辖市）党委和政府领导班子成员以及中央和国家机关部委领导班子成员，到国家级干部教育培训机构参加 1 次 1 周左右的专业化能力专题培训；每年安排 3000 名左右市（地、州、盟）党政领导班子成员和省（自治区、直辖市）直属部门单位领导班子成员到国家级干部教育培训机构培训；每年安排 800 名左右县委书记到中央党校（国家行政学院）参加培训，安排 200 名左右新任县委书记到中国井冈山干部学院、中国延安干部学院进行党性教育，安排贫困县党政正职到中国浦东干部学院参加专题培训；委托中央和国家机关有关部委举办地方党政领导干部专题研究班，每年培训 1000 名左右市、县级党政领导班子成员。③地方各级党委组织部按照干部管理权限，统筹制定年度培训计划，每年安排不少于 1/5 的领导班子成员参加培训。④中央和国家机关有关部委按照职责分工，对本系统的省（自治区、直辖市）直属部门单位领导班子成员开展培训。统战部门加强领导班子中党外干部的教育培训。

2. 机关公务员

围绕建设高素质专业化公务员队伍，以加强思想政治建设、职业道德建设和业务能力建设为重点，准确把握综合管理类、专业技术类、行政执法类等公务员类别特点和不同需求，加强机关公务员培训。

主要措施：①中央组织部会同有关部门每年安排 3000 名左右中央和国家机关司局级干部参加专题研修，安排 300 名左右司局级干部、150 名左右新任司局长到中央党校（国家行政学院）培训，安排中央和国家机关 100 名左右新任处长参加示范培训。②中央和国家机关各部委、各人民团体组织人事部门对本单位司局级以下干部开展全员培训，每年安排不少于 1/5 的干部参加培训。③省（自治区、直辖市）直属部门单位负责抓好本部门本单位处级以下干部的培训，市（地、州、盟）直属部门单位负责抓好本部门本单位科级以下干部的培训。④各级组织人事部门要督促指导同级各部门各单位公务员的教育培训工作，抓好初任培训、任职培训、专门业务培训、在职培训。加强机关党支部书记培训。

3. 企业领导人员

着眼培养造就对党忠诚、勇于创新、治企有方、兴企有为、清正廉洁的国有企业家队伍，以强化忠诚意识、拓展世界眼光、提高战略思维、增强创新能力、锻造优秀品行为重点，加强企业领导人员教育培训，着力培养企业家精神，加快建立健全企业领导人员培训体系。

主要措施：①研究出台关于新形势下进一步加强企业领导人员教育培训工作的意见。②中央组织部每年安排不少于1/5的中管金融企业、中管企业领导班子成员和国务院国资委党委管理领导班子的中央企业主要负责人，到国家级干部教育培训机构培训。定期举办中管金融企业和中管企业党委（党组）书记专题研究班。③国务院国资委抓好国务院国资委党委管理领导班子的中央企业领导班子成员培训。④各级组织人事部门、国有资本监管部门和各国有企业根据职责分工，抓好企业党组织书记培训，结合实际开展企业领导人员全员培训。⑤中央企业的党校（企业大学）要加强办学能力建设，充分发挥在企业自主培训中的作用。

4. 事业单位领导人员

着眼建设一支符合新时期好干部标准的高素质专业化事业单位领导人员队伍，突出事业单位公益性、服务性、专业性、技术性特点，遵循事业单位领导人员成长规律，以提高政治觉悟、管理能力、专业水平和职业素养为重点，分类开展事业单位领导人员教育培训，探索建立事业单位领导人员教育培训体系，更好适应新时代中国特色社会主义公益事业发展要求。

主要措施：①中央组织部会同地方和有关行业主管部门根据实际，定期举办相关培训班次，每年安排一定数量的事业单位领导人员参加培训。②中央组织部会同有关部门每2年举办1次党委书记和校长列入中央管理的高校主要负责人培训班，每年安排不少于1/5的其他高校党委书记、校长到国家级干部教育培训机构参加培训。教育部、工业和信息化部、中国科学院等部门单位和地方各级高校主管部门按照干部管理权限，统筹制定年度培训计划，每年安排不少于1/5的高校领导班子成员参加培训。③中央和国家机关各部委、各人民团体组织人事部门对所属事业单位领导人员开展全员培训，每年安排不少于1/5的领导人员参加培训。④地方各级党委组织部统筹制定年度培训计划，组织协调本地区事业单位领导人员和基层党组织负责人的培训。⑤各级组织人事部门加强统筹，注重对事业单位其他管理人员进行培训。

5. 专业技术人员

围绕建设规模宏大、结构合理、素质优良、具有国际竞争力的专业技术人员队伍，突出政治引领，以提升思想政治素质和职业素养、创新创造创业能力为重点，以新理论、新知识、新技术、新方法为主要内容，以高精尖缺和骨干专业技术人才为主要对象，加强专业技术人员培训。

主要措施：①人力资源社会保障部组织实施专业技术人员继续教育，指导各行业各系统开展全员教育培训；组织实施专业技术人才知识更新工程，每年培训100万名高层次、急需紧缺和骨干专业人才。组织开展新疆、西藏少数民族专业技术人才特殊培养工作。②中央组织部会同有关部门，每年安排1300名左右高层次专家到国家级干部教育培训机构培训。各省（自治区、直辖市）党委组织部负责各自联系的高级专家培训。③中央宣传部会同有关部门，每年选派700名左右哲学社会科学教学科研骨干、部分新闻和文化工作骨干到国家级干部教育培训机构培训。各省（自治区、直辖市）负责抓好本地区哲学社会科学教学科研骨干、新闻和文化工作骨干的培训。④非公有制经济组织、社会组织和基层一线专业技术人员的教育培训，由人力资源社会保障部会同有关部门明确任务、提出要求，各省（自治区、直辖市）人力资源社会保障部门会同有关部门组织实施。⑤中央和国家机关各部委、各人民团体组织人事部门，各省（自治区、直辖市）人力资源社会保障部门根据行业特点和业务需要，分类分层开展专业技术人员培训。

6. 年轻干部

着眼培养造就忠实贯彻习近平新时代中国特色社会主义思想、符合新时期好干部标准、忠诚干净担当、数量充足、充满活力的高素质专业化年轻干部队伍，突出理想信念宗旨教育、思想道德教育、优良作风教育，加强年轻干部政治训练和实践锻炼。

主要措施：①中央组织部每年安排1000名以上优秀年轻干部到国家级干部教育培训机构培训，安排部分中西部地区年轻干部到中国浦东干部学院培训。②各级组织人事部门根据优秀年轻干部培养目标，坚持分类培训，有计划地安排年轻干部到党校（行政学院）、干部学院和党性教育基地接受系统理论教育和严格党性教育。实施"年轻干部理想信念宗旨教育计划"。

7. 基层干部

着眼培养守信念、讲奉献、有本领、重品行的高素质专业化基层干部队伍，以提高发展经济、改革创新、依法办事、化解矛盾、做群众工作等能力为重点，加强基层干部特别是乡镇（街道）党政正职、村（社区）党组织书记的培训。

主要措施：①各省（自治区、直辖市）党委组织部每年安排200名左右基层干部到省级干部教育培训机构参加示范培训。②各省（自治区、直辖市）、市（地、州、盟）党委组织部每年安排不少于1/5的乡镇（街道）党政正职参加培训。③各市（地、州、盟）、县（市、区、旗）党委组织部按照职责抓好基层干部培训，确保全覆盖。各地区各部门各单位每年分期分批将党支部书记轮训一遍，加强基层党务干部培训。④实行垂直管理的部门负责本系统基层干部的教育培训。

各地区各部门各单位要加大对"一把手"的培训力度，实施"'一把手'政治能力提升计划"。重视抓好女干部、少数民族干部、党外干部的教育培训。继续支持革命老区、民族地区、边疆地区、贫困地区干部教育培训工作，实施"贫困地区干部教育培训帮扶计划"，加强精准扶贫、精准脱贫教育培训，推动优质培训资源向贫困地区倾斜。东部地区做好对口支援西部地区、东北地区干部教育培训工作，开展公务员对口培训。加强和改进领导干部交叉培训和军队转业干部培训。

（四）领导干部个人的素质能力提升需求

领导干部既是决策者，又是执行者；既要对上负责，又要做好群众工作。他们的职责非常重要，包括决策与确定目标、组织与协调、制定程序与制度以及选人育人用人等。因此，领导干部必须具备较高的素质与能力。以公务员领导干部为例，2003 年，国家人事部印发《国家公务员通用能力标准框架（试行）》，分别为政治鉴别能力、依法行政能力、公共服务能力、调查研究能力、学习能力、沟通协调能力、创新能力、突发事件应对能力、心理调适能力。

1. 政治鉴别能力

有相应的政治理论功底，坚持党的基本理论、基本路线、基本纲领和基本经验，认真实践"三个代表"重要思想；善于从政治上观察、思考和处理问题，能透过现象看本质，是非分明；具有一定的政治敏锐性和洞察力，正确把握时代发展要求，科学判断形势；贯彻执行党的路线、方针、政策。

2. 依法行政能力

有较强的法律意识、规则意识、法制观念；忠实遵守宪法、法律和法规，按照法定的职责权限和程序履行职责、执行公务；准确运用与工作相关的法律、法规和有关政策；依法办事，准确执法，公正执法，文明执法，不以权代法；敢于同违法行为作斗争，维护宪法、法律尊严。

3. 公共服务能力

牢固树立宗旨观念和服务意识，诚实为民，守信立政；责任心强，对工作认真负责，密切联系群众，关心群众疾苦，维护群众合法权益；有较强的行政成本意识，善于运用现代公共行政方法和技能，注重提高工作效益；乐于接受群众监督，积极采纳群众正确建议，勇于接受群众批评。

4. 调查研究能力

坚持实践第一的观点，实事求是，讲真话、写实情，坚持群众路线，掌握科学的调查研究方法，善于发现问题、分析问题，准确把握事物发展的历史、现状和产生的影响；积极探索事物发展的规律，预测发展的趋势，提出解决问题的建议；善于总结经验，发现典型，指导、推动工作。

5. 学习能力

树立终身学习观念，有良好的学风，理论联系实际，学以致用；学习目标明确，根据自己的知识结构和工作需要，从理论和实践两方面积累知识与经验；掌握科学学习方法，及时更新和掌握与工作需要相适应的知识、技能；拓宽学习途径，向书本学、向实践学、向他人学。

6. 沟通学习能力

有全局观念、民主作风和协作意识；语言文字表达条理清晰，用语流畅，重点突出；尊重他人，善于团结和自己意见不同的人一道工作；坚持原则性与灵活性相结合，营造宽松、和谐的工作氛围；能够建立和运用工作联系网络，有效运用各种沟通方式。

7. 创新能力

思想解放，视野开阔，与时俱进，具有创新精神和创新勇气；掌握创新方法、技能，培养创新思维方式；对新事物敏感，善于发现、扶植新生事物，总结新鲜经验；善于分析新情况，提出新思路，解决新问题，结合实际创造性地开展工作。

8. 突发事件应对能力

有效掌握工作相关信息，及时捕捉带有倾向性、潜在性问题，制定可行预案，并争取把问题解决于萌芽之中；正确认识和处理各种社会矛盾，善于协调不同利益关系；面对突发事件，头脑清醒，科学分析，敏锐把握事件潜在影响，密切掌握事态发展情况；准确判断，果断行动，整合资源，调动各种力量，有序应对突发事件。

9. 心理调适能力

事业心强，有积极、乐观、向上的精神状态和爱岗敬业的热情；根据形势和环境变化适时调整自己的思维和行为，保持良好的心态、情绪；自信心强，意志坚定，能正确对待和处理顺境与逆境、成功与失败；良好的心理适应性，心胸开阔，容人让人，不嫉贤妒能。

二、国外干部教育培训的设计开发及启示

国外干部教育培训的设计开发实践以公职人员或是公务员培训为主，涉及培训的计划、类型、方式、质量评估等多个方面。对于干部培训体系较完备的国家，更加强调培训策划的针对性和实用性，这跟国内的干部教育培训的倡导原则是一致的，无论是开发培训项目或是制定培训计划，都以社会经济发展趋势、公共治理需要以及学员的个人需求为导向，力求做到以需求为导向进行培训设计策划。

国外的干部培训制定培训计划主要依赖两种方式，一种被称作方案选择型。以法国为例，在开展某项培训时要求具有较强的针对性，为了突出公务员的职业发展，他们根据社会变革对公务员职业发展的需要，以超前意识和积极态度尽可能设计出最佳的培训方案，经过可行性评估后向公务员公开，供单位和个人进行自主性选择。同时，方案制定过程中，也会采取其他措施来保证方案的针对性。政府培训主管部门每年都要向下属机构发放培训需求调查表，各个单位和个人阐述各自的培训需求，后经过层层汇总、综合分析，结合培训预算来制定下一年度的培训目录。二是以英国为代表的

综合需求型。英国文官学院在制定干部培训计划时会首先考虑需求因素，如考虑文官学院职能目标的实现，考虑培训单位干部绩效评估所需要的意见，考虑需要调研所反映的要求，以及对不同职位文官综合能力的要求所需要培训的技能。对各种因素进行综合分析后，再着手制定培训方案。培训方案中不仅有公共课程，还包含个性化或群体性培训课程。英国国家政府学院的课程中有1/3是专门根据客户的特殊需求而专门设计的。

部分研究人员认为国外干部培训更加遵循务实理念，是以形势和职务对干部素质能力的需要为依据，以强调实际工作能力为导向，以学员个体及其自主性为中心，来强调培训方案与课程的针对性和实用性。而国内的干部教育培训同样要求策划课程内容，采用行之有效的教学方式方法实施各种培训活动，提高领导干部的知识能力和综合素质，以达到各行业对领导干部的综合性和专业性要求。因此，有计划、有目标的干部教育培训设计策划和开发，是提升领导干部掌握专业素养及技能，进而适应行业管理乃至整个社会发展的需求的基础性环节。同样，借鉴国外干部培训在设计策划和开发方面的经验，有助于构建科学合理的林草干部教育培训设计开发模式。

第四节　林草干部教育培训设计开发方面的实践探索

一、设计开发林草干部教育培训的原则

2008年7月，习近平在全国干部教育培训工作会议上指出："近年来，中央把干部教育培训工作作为建设和发展中国特色社会主义的一项重要工作来抓，各级党委高度重视，各培训机构充分发挥作用，广大干部积极参加，干部教育培训工作取得新的重大进展。同时也要看到，与新形势新任务新要求相比，干部教育培训工作还存在不适应的地方。"为了改变这种"不适应"，各级党校、行政学院多年来不断探索，完善培训流程，构建培训课程体系。《国务院关于加强和改进新形势下国家行政学院工作的若干意见》指出，"要根据培训工作的特点，针对不同对象的实际需要，研究制定学院课程开发规划、加强各类课程建设"。从相关文件政策和领导讲话中不难发现，干部教育培训机构的教学内容设计师是根据党和国家各项政策实施的需要，并以此为策划依据，既要坚持需求导向、能力本位的基本要求，更要根据各级各行干部教育培训机构特有的职能，形成具有行业特色和特点的培训内容体系。因此，林草干部教育培训的设计开发原则应遵循以下几点。

（一）突出党员领导干部在理论教育、党性修养培养方面的要求

习近平总书记曾提出："要一如既往地处理好科学理论教育、党性教育、公仆意识教育和知识教育、能力教育的关系，把提高能力和提高思想政治素质有机结合起来，贯穿到各类班次、各项课程之中。这是行政学院坚持正确办学方向的根本体现。"因

此，干部教育培训机构在确定培训教学方案时，首先要强调马克思主义理论、特别是中国特色社会主义理论体系方面的课程内容，把中国特色社会主义理论体系作为培训课程建设的重中之重，将习近平新时代中国特色社会主义理论充分体现在培训内容和教学布局上，深刻领会贯穿其中的马克思主义立场、观点、方法，同时帮助和指导参训学员更加全面系统地理解习近平新时代中国特色社会主义的旗帜、道路。林草教育培训机构一直着力打造完善的培训内容体系，涵盖党的基本理论、党性教育、专业化能力培训和知识培训。为使参训领导干部牢固树立正确的三观，进一步提升党性意识修养，忠于党、忠于祖国、忠于人民、忠于中国特色社会主义，永做人民的公仆，始终保持艰苦奋斗、甘于奉献的精神和锐意创新、开拓进取的激情，尽职尽责干好本职工作，各级林草干部教育培训机构在教学内容设计中要加大理论教育、党性意识修养方面的课程比例，重视道德品行党性教育的比例，坚持用共产党人的道德观和社会主义荣辱观教育学员，引导广大党员领导干部养成良好的思想境界和工作作风，模范遵守党员领导干部纪律规定，始终保持思想品质和道德情操上的先进性和纯洁性。

（二）准确反映时代对林草干部素质能力的要求

任何时代、任何行业的教育活动都会受到社会经济发展影响，尤其是行业在职培训，需要以行业工作需要为导向，因此，党员干部的培训内容应该及时反映时代经济、政治、文化、社会和生态文明发展的需求，这是新时代党员领导干部教育发展的基本要求之一。作为生态文明建设的主力军之一，学习更新理论知识、提升生态文明建设能力对于林草干部来说尤为迫切。在新时代的背景下，林草领导干部同样面临着转变思想观念、提升基本能力和增强业务素质等多个方面的要求。

生态文明建设是中国特色社会主义事业的重要内容，关系人民福祉、关乎民族未来，事关"两个一百年"奋斗目标和中华民族伟大复兴中国梦的实现。党中央、国务院高度重视生态文明建设，先后出台了一系列重大决策部署，广大林草干部更应利用行业优势、结合业务工作需要，率先转变观念，在推动生态文明建设中作出更大的积极贡献。面对资源约束趋紧、环境污染严重、生态系统功能退化的严峻形势，林草党员领导干部要树立尊重自然、顺应自然、保护自然的生态文明理念，争取走持续发展的道路。如今党和国家大力提倡生态文明建设，把可持续发展提升到绿色发展的高度，为后人"乘凉"而"种树"，不留下遗憾而留下更多的生态资产。2022年3月30日，习近平总书记在参加首都义务植树活动时指出，森林是水库、钱库、粮库、碳库，生动形象地阐明了森林在国家生态安全和人类经济社会可持续发展中的基础性、战略性地位与作用。这也对林草行业干部教育培训机构提出了更迫切的要求，干部教育培训机构一直秉承着岗位导向、能力本位的教育理念，要进一步符合政府工作的实际，以解决党员领导干部在实际工作中出现的问题为中心，以学员能力培养为主线，打破学科界限，确保培训项目和课程的开发既有针对性和实用性，又有前沿性和前瞻性。

（三） 紧密围绕党和国家的各项政策和林草中心工作

围绕党和国家的各项政策以及林草中心工作需要策划培训内容，是坚持以需求为导向的干部培训工作，区别于基础教育和成人教育的重要特点。一般意义上的成人教育，更多的是依据成人个人职业生涯的发展和个体自我完善需要提供培训，而干部教育培训工作既要满足整体社会经济发展的需要，培训内容又要依据具体行业和职业发展对个人知识和素质能力的需要。党和国家在每个时期都会根据形势和任务要求作出重大决策部署，用来指导经济社会发展和生态文明建设。广大林草行业领导干部正是落实这些决策部署的组织者和执行者，在贯彻执行党的路线、方针、政策、重大部署中担任着重要的执行者角色，因此林草干部的一项重要培训内容就是让广大党员干部率先领会中央精神，准确掌握中央的相关要求、推动各项部署决策的落实。干部培训的这一需求特点，要求培训教学内容必须围绕党和国家的决策部署和林草工作的需求，并以此确定培训目标和课程内容。

（四） 充分发挥行业干部教育培训的特色和优势

突出行业特色和优势，是增强行业干部教育培训机构竞争力和吸引力的必然选择。行业教育培训机构的优势和特色是指那些经过长期的培训实践形成的，既区别于党校、干部学院，又区别于普通高等学历教育，具有相对稳定性和行业独特性。准确把握、精确定位、全面突出行业干部教育培训机构最独特的特点应该是"行业"特色，不同行业的业务范围、领导干部的工作特性不同，准确把握不同行业干部需求设计策划培训内容，是确保行业干部教育培训机构提高办学质量、增强行业竞争力和影响力的重要保障。林草行业干部教育培训机构面对的是林草行业干部和林草行业技术人员，培训目标是提升行业干部的业务素质、工作能力以及领导能力，培养大批与生态文明建设、现代林草行业建设相适应的高素质人才队伍，培训对象、培训内容以及培训目标的特殊性，决定了行业干部教育培训机构的教学设计，需要区别于其他行业或行政教育培训机构，也不同于以学生为对象、从事学历教育的基础教育，既具有理论武装、党性锻炼的党校性质，也要满足林草行业发展需要的业务素质提升需要。所以，林草干部教育培训机构在教学设计策划和课程开发上更应突出自身的行业特色，进一步发挥行业优势。

二、林草干部教育培训的设计开发经验

林草培训需要体现出行业"特色"，使之区别于其他培训机构、科研机构和咨询机构。以国家林草局管理干部学院为例，按照行业不同干部类别和职责范围，围绕行业重点难点工作，目前已经形成了涵盖各岗位工作需求的培训体系，重点培训项目有党政领导班子成员培训、机关公务员队伍培训、林草行业关键岗位素质能力提升培训、林草企业经营管理人员培训、党建和组工干部培训、林草专业技术人员培训、林草信

息化培训、国际合作培训、边疆地区贫困地区林草干部教育培训和远程教育培训，不同的培训项目包含不同的培训内容和实施要求，形成了具有一定特色的培训项目体系，详见表3-1。

表3-1　国家林草局管理干部学院重点培训项目

项目种类	目标内容	实施要求	特色培训项目名称
党政领导班子成员培训	以提高政治素质、增强党性修养为根本，以提升专业能力为重点，突出党的群众路线教育，加强各级林草主管部门领导班子成员的培训	围绕中央重大战略和林草工作重要决策部署，面向各级林草主管部门领导班子举办3~5期重点专题研讨班	1. 司局长理论研修培训 2. 党员领导干部进修培训 3. 地方党政领导专题研修培训 4. 地县林草局局长专题培训
机关公务员培训	以加强思想政治建设、职业道德建设和业务能力建设为重点，准确把握综合管理类、专业技术类、行政执法类等林草公务员类别特点和不同需要，加强林草机关公务员培训	1. 组织局机关公务员参加初任培训、任职培训、专门业务培训、在职培训 2. 组织省级林草主管部门处级干部开展专题业务培训，组织新进入省级林草主管部门工作的军转干部和非林草专业人员开展林草基础知识培训	1. 司局长任职培训 2. 处级干部任职培训 3. 处级干部理论研修培训 4. 公务员岗位培训 5. 新录用人员初任培训 6. 非林专业干部林草专业知识培训
林草关键岗位干部素质能力提升培训	以政治觉悟、管理能力、专业水平和职业素养为重点，分类开展林草关键岗位领导人员教育培训。着重抓好各级林草科研院所、调查规划设计院领导班子成员培训，提高其治所治院能力，强化林业草原事业发展的科技支撑引领。突出加强对国家公园、自然保护区、风景名胜区、自然遗产、海洋特别保护区、森林公园、湿地公园、荒漠公园、地质公园和国有林场等管理和建设单位领导人员的培训，提高其治区治园治场水平，夯实林业草原建设生产第一线的基础	实施关键岗位人员培训工程，针对不同关键岗位人员开展1~5期专题能力提升培训班	1. 乡镇林业站站长能力测试培训 2. 自然保护区领导干部培训 3. 国有林场场长培训 4. 省级林木种苗站站长培训 5. 国家级森林公园主任培训 6. 国家级湿地公园主任培训 7. 林草技术推广骨干人员培训 8. 基层林草行政执法人员培训 9. 森林资源监督干部培训

（续）

项目种类	目标内容	实施要求	特色培训项目名称
企业经营管理人员培训	面向林草企业经营管理人员和中青年骨干管理人员为重点，开展政治理论、职业道德、法律法规、经济理论、企业管理等培训。加强培训体系建设，强化忠诚意识和企业家精神，着力提升他们的战略思维、创新精神和经营管理水平	1. 组织森工企业高级经营管理人员参加培训 2. 组织森工企业中青年骨干管理人员参加综合素质能力提升培训	1. 企业经营管理培训 2. 职业经理人培训 3. 市场营销技术培训 4. 人力资源培训
党建和组工干部人员培训	紧紧围绕学习贯彻习近平总书记关于党的建设和组织工作的重要思想，贯彻落实新时代党的建设总体要求和新时代党的组织路线，加强林业草原系统党建工作干部和组工干部培训，促使其进一步领会要求、明确任务、把握重点，掌握工作规律和方法，交流实践经验，研究重点难点问题，推进党建和组织工作重点任务完成，不断提高林业草原系统党的建设和组织工作质量	组织林草系统党建干部和组工干部参加素质能力提升培训，重点策划2~5期专题培训	1. 学习习近平思想专题培训 2. "学习新思想建功新时代"专题培训 3. 加强党的建设培训 4. 全国林草系统直属机关团委"不忘初心、牢记使命"培训
林草专业技术培训	以急需紧缺的中高级专业技术人员为主要对象，以生态修复治理、自然资源调查监测、各类自然保护地建设管理、森林草原质量提升、应对气候变化、野生动植物保护、林草有害生物防治和重点新兴产业发展等领域的新理论、新知识、新技术、新方法为主要内容，分类推进中高级专业技术人员培训	积极组织中高级专业技术人员，参加以新理论、新知识、新技术、新方法为主要内容的专业技术培训	1. 林木种苗技术培训 2. 林草有害生物防治培训 3. 森林资源保护利用培训 4. 林木良种基地建设选育技术培训 5. 经济林和林下经济政策与技术培训 6. 林草碳汇计量监测培训 7. 林业调查规划设计单位资质申报培训 8. 全国森林火险预警系统建设和管理培训 9. 野生动物疫源疫病监测防控培训

（续）

项目种类	目标内容	实施要求	特色培训项目名称
林草信息化培训	围绕当前林草信息化发展形势，以掌握工作所需的电子政务、网络安全等方面的知识与技能为主要内容，提升信息技术应用能力，增强业务指导与服务管理能力	组织全国林草系统网络技术人员，开展宏观形势、岗位能力、信息化知识、应急处置等方面的培训	1. "互联网＋"创新应用培训项目 2. 林草信息化标准与宣贯培训项目 3. 智慧林草与新技术应用培训 4. 网站群建设与管理培训 5. 网络安全与风险防范培训 6. 信息安全等级保护与应急处置培训
边疆地区贫困地区林草干部教育培训	落实党的十九大提出的"加快边疆发展，确保边疆巩固"精神和习近平总书记扶贫开发战略思想，推动优质培训资源向边疆地区、贫困地区倾斜。以领导干部和技术骨干为重点，围绕素质能力提升、重点林草工程实施、适用林草产业技术等开展培训，提升他们依托资源优势和良好生态，发展绿色富民产业的能力	1. 开展以培训青海、西藏、新疆等贫困地区干部为主的援青、援藏、援疆培训 2. 配合国家生态扶贫政策，以定点扶贫县为重点，开展以培训林草领导干部和技术骨干为主的特色产业发展培训	1. 西藏林草干部培训 2. 新疆林草干部培训 3. 青海林草干部培训 4. 林业产业发展技术及产业扶贫能力提升高级研修 5. 乡村振兴与精准扶贫培训
国际合作培训	面向发展中国家，以管理公职人员、技术骨干为重点，开展生物多样性保护、应对气候变化、旱区造林绿化、林业产业、社区林业等培训，着力增强他们推动生态建设和产业发展的能力，不断扩大我国林业影响力。利用国外优质资源和渠道，通过选派出国、引进专家等方式，大力开展国内管理人员和专业技术人员培训，着力提升他们的国际视野、知识结构、创新能力、跨文化沟通能力	积极争取国家援外培训项目，对发展中国家林草公职人员和技术人员开展培训，安排国内管理骨干和技术骨干到国外学习培训，引进国外专家讲课	1. 森林执法与施政公职人员培训 2. 生物多样性跨国界保护研究及管理培训 3. 履行《国际森林文书》暨森林可持续经营管理公职人员培训 4. 发展中国家热带森林可持续发展技术培训 5. 面向发展中国家的双边国际培训 6. 人力资源发展（HRD）国际合作中国西部地区林业人才培养 7. "社区林业能力建设与培训方式方法"国际合作培训

（续）

项目种类	目标内容	实施要求	特色培训项目名称
远程教育培训	面向林草基层人员，开展基层建设、科技推广和有关产业等方面的网络教育培训，着力提升基层林草干部的素质能力	着力加强在线学习平台研发，通过与业务司局的纵向合作和省级林业部门的区域合作，建立纵横互补、兼容规范、开放共享的全国林业网络培训体系。根据各级各类林业从业人员的需要，大力开发网络培训课程，形成丰富、全面、管用的网络课程库。推进远程培训与面授培训的结合，努力探索线上线下并重、相互融合发展的现代培训模式	1. 乡镇林业工作站站长能力建设在线学习平台 2. 种苗站站长能力建设在线学习平台 3. 调查规划设计在线学习平台

第五节　设计开发林草干部教育培训应进一步关注的问题

截至 2022 年，林草干部教育培训在培训项目策划以及教学内容设计已形成了相对成熟的体系，为了进一步发挥林业草原干部教育培训在现代林草建设和生态文明建设中的积极作用，应着重关注以下几个问题，并在培训实践中针对性地改进。

一、培训需求调研的科学性仍需加强

以国家林草局管理干部学院为例，目前已开展的行业干部类培训需求调研活动，大多数依托国家林草局相关主管部门或由承办培训机构开展，受多重因素的影响和制约，不同培训项目、不同时间获得的调查样本数量差别较大，样本的选取也很难按照实际干部人数进行科学分配，调查样本很少有能够覆盖整个林草干部队伍，这无疑在一定程度影响了需求调研的科学性；从调研内容看，也没有做到针对每个培训项目的具体情况开展不同调研，尤其受到人力、物力限制，不但有的培训项目缺少调研，甚至缺少科学的引导和解释，调查对象对问题的理解也存在偏差，因此调研的科学性仍有待验证；从调研方式方法看，主要依赖问卷调查，单纯的意见搜集有时难以客观、全面反映学员的真实需求，一定程度降低了需求调研的参考价值；从调研的结果看，被调查对象所在的岗位不同，对象所在单位或者主管委托单位的组织需求也存在差异，领导干部本身对于培训的期望更是因人而异，但实际中的调研多以大众性需求为主要依据，在体现行业领导干部个性化培训需要方面仍存在差距。

二、培训机构自有师资的培养力度不足

目前林草培训机构的主要师资源以外聘为主，培训课程方面尤其是公共类培训课程自主性开发略显不足，对课程内容的把握缺少主动权和约束力，相关培训课程的设计开发也受到限制。开发具有林草行业特色的培训课程，尤其是针对性地开发案例类课程，既能有效弥补培训内容针对性不足的问题，又有助于切实提升培训课程的实践效果，但是开发这些课程需要投入较多的人力、物力和财力。此外，培训课程在内容和教学方法方面有待改进，有的课程内容未能准确定位和解答行业干部的培训需求，知识传授较多、能力训练有限，目前占比较高的仍然是传统讲授式教学，这种模式容易导致成人学员产生疲惫，限制了学习效果。培训机构本身如果可以组织自有师资，针对性地对这些问题和需求进行开发，在增强培训设计策划水平的同时也有助于提升林业草原干部教育培训的质量。

三、应进一步完善培训相关激励工作

培训激励既是一种约束，更是提升培训质量、确保培训效果的有效途径。目前林草干部教育培训的激励机制并不完善：从委托单位的角度看，尚未建立完善的学习跟踪调查机制，目前虽启用了学习档案系统，但仅限于记录学习情况，即使未按规定参加学习培训，也没有相应的惩罚措施，这种情况下针对培训学习的监督和激励容易流于形式；从培训学员单位看，作为参训学员脱岗培训的间接受益者，应第一时间了解学员学习情况，不仅是一种监督，更有助于鼓励学员认真学习，而部分学员单位不仅没有及时了解领导干部的培训情况，也未对参训后表现进行考察和及时反馈，有时一些组织为了最大限度地保证工作不受影响，习惯性地指派平时工作不忙的领导干部参训，同一学员短期内重复参训的情况屡见不鲜，导致部分学员产生"学与不学一个样，反正领导也不知道"的参训心态，这样既不利于领导干部自身的发展，也不利于团队成员的和谐共处，更偏离了干部教育培训工作的初衷。

四、积极促进培训成果的转化

林草干部教育培训的效果考核机制仍需完善，已运行的评估周期短，无法为策划者复盘和改进培训项目提供全面的借鉴和参考。一方面，学员需要时间消化知识、掌握相关技能，更需要在工作中对培训学习内容进行实践检验；另一方面，学员接受培训回到工作岗位，领导和同事也需要时间对其参训后的行为和能力进行评估。培训项目是否具有针对性和有效性，需要通过学员参训后的工作表现进行验证，而目前对学员通过培训获得的知识技能，缺乏科学有效的监测方法，对受训后学员的表现缺乏跟踪管理，即使出现"培训与不培训一个样、培训成绩好坏一个样"的现象也没有相应的问责机制。因此，培训管理者应制定和实施切实可行的监督措施，促进培训成果转

化为参训学员的工作动力，同时也有助于验证培训设计开发的针对性和实效性。

第六节　林草干部教育培训设计开发模式的构建和优化建议

林草干部教育培训是针对林草领导干部和专业技术人员开展的培训，培训主管单位、培训管理机构以及培训教学部门应各司其职，各负其责，共同协作以保证林草干部教育培训按照计划有序开展。在实际工作中，林草干部教育培训的设计策划是一项富有挑战性和创新性的工作，需要采用科学的方法，遵循一定的设计流程有序开展，在这个过程中，以规范的培训设计开发模式为指导可以进一步确保培训项目的针对性和实用性。普遍意义上的培训开发是如何产生一套完整培训方案或者培训课程，而根据本章对于设计开发模式的界定，主要是为林草干部教育培训方案策划人员提供参考和依据，考虑到目前大多数林草培训机构以培训管理工作为主、相关培训师资主要依靠外聘的这种实际情况，本节讨论的培训设计开发模式并没有侧重某项课程的教学内容及方法策划，更多地从过程管理的角度强调如何构建设计开发模式，优化策划流程，以确保林草培训项目的顺利开展。

一、林草干部教育培训设计开发模式的关键环节

（一）建立以需求为导向的培训内容更新机制

建立以需求为导向的培训内容更新机制是林草干部教育培训策划开发的基础性工作（叶绪江，2007），其目的是使培训内容更加贴近林草干部的工作实际，更加符合林草干部提升自身素质能力的培训需要，把干部教育培训由简单的理论知识灌输转变为提高解决实际问题的能力的有效途径，构建以提高能力为目标、针对不同关键岗位和工作内容的培训需求调查机制，有助于提升培训设计策划的规范性和科学性（丁娜，2014）。从培训需求全流程角度看构建一个需求分析及反馈机制，是林草干部教育培训开发模式的第一步，如图3-3所示。

以戈尔茨坦（Goldstein）三层次模型为指导，结合分析组织需求、任务（岗位）需求和学员个人需求，以达到客观、精准识别培训需求的目标。实际上，培训需求调查的目的主要是解决三个方面的问题："为什么培训""培训什么内容"以及"采用何种方法进行培训"。为了找到这些问题的答案，培训策划开发人员需要培训前进行三种分析：首先，"组织分析"，指培训学员所在的组织或者领导组织判断学员需要哪些知识或能力培训，以保证培训计划符合组织的整体目标和战略要求；其次，"任务分析"，指通过分析任务或岗位要求认为培训学员应该具备的知识、技能和态度，由此确定与任务相关的培训内容；最后，"学员分析"，指从学员的角度寻找实际情况与理想状况下的差距，即"目标差"，以完成对个人培训需求的搜集。学员作为培训的直接受益

者，其自身的学习需求也是课程模式分析必须考虑的要素之一。为使培训更加适应学习化社会和学员个性发展的需求，在进行课程策划和设计前，应对培训对象原有的知识与技能以及培训对象行为特点进行分析，在此基础上进行培训设计开发。成人学员的个体需求是多方面的，不但包括个性发展的需要，还包括提升继续学习的能力以满足学习型社会对个体发展的要求，岗位竞争能力的需要以及学员自身的个性兴趣要求。所以，在培训策划之初，广泛搜集潜在培训对象的培训需求、客观进行需求调查分析，纳入课程设计的考虑因素，并予以充分关注。"三要素需求分析"理论的核心思想是把培训需求看成一个系统，在操作层上进行分类，使得需求调查对象不再局限于某个个体，而是通过整合使得需求调查更加科学全面。

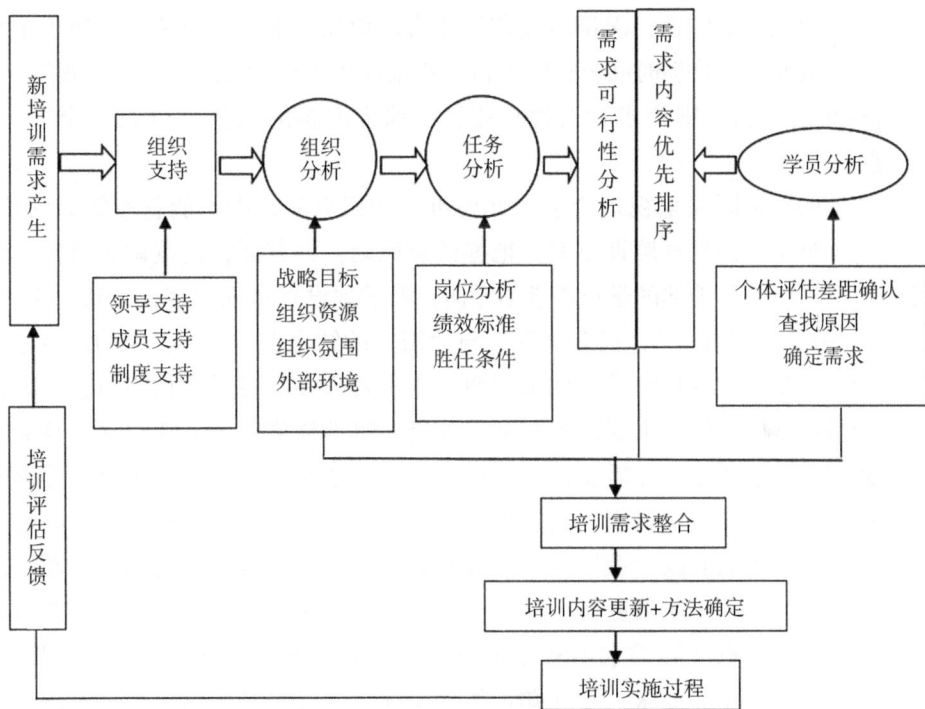

图 3-3　林草干部教育培训设计开发模式下的需求分析机制

从操作流程的角度看，值得注意的两个方面：一方面是共性需求分析，行业干部的培训共性需求分析针对的是领导干部的通用知识能力。通用分析有助于界定行业领导干部这一目标群体的公共特性，能够确定哪些"知识、技术和能力"是必备的，与职责职位的基本素质能力相联系。另一方面是培训需求的任务分析，针对某项培训任务进行的系统分析，以掌握受训者在接受这项培训任务后其学识、技术和能力的改变情况为目标。以林草公务员培训为例，如果是进行岗位培训，则作岗位规范和要求分析；如果培养对象的具体岗位是不明确的，但都属于晋升处级领导干部职位的任职培训，则以任职能力为核心进行课程设计；如果是针对新录用人员进行初任培训，更加重视开发和培养学员的基本素质和工作能力。这种从培训目标出发的考虑，有针对性地进行能力培训定位，能够有效避免设计开发模式中容易出现的"针对性过强，兼容性过小"的问题。

（二）创造性地策划林草干部教育培训方案

课程设计是培训设计开发模式的中心环节，也是设计模式中最富创造性的环节。林草干部教育培训涵盖基础课程和特色课程两个部分，课程分析、课程实施与课程评价均须围绕培训目标进行。在具体设计过程中常常会遇到设计的"宽"度与"深"度的关系处理问题，这类问题除了受到培训目标约束，还与培训时间长短相关联。由于培训类型、培训目标和参训学员结构不同，培训时间地点也不尽相同，如林草公务员初任培训时间为五个工作日，岗位培训和任职培训均长达十天甚至两周，属于中短期培训范畴。一般而言，培训时间较长的项目，基础课程可以"宽"一些、"深"一点；培训时间较短的项目，则要求针对性更强，在课程内容的选择上可以"窄"一些、"浅"一点。

培训内容的设置既要重视理论学习又要重视知识更新，更不能忽略能力的培养。创造性地策划林草干部教育培训方案，把握两点原则：一方面，注重调查研究，做到学需相应。以参训领导干部的学员需求为导向，科学地设置培训内容，做到"干什么、学什么""缺什么，补什么"，找准"供"与"需"的结合点。例如，年初向各单位机构潜在的学员对象发放课程需求，详细列明一年中要举办的各类培训项目，同时公布每个培训项目的预期目标、主要内容和意向师资，便于林草领导干部根据自身需要进行报名。要提前了解领导干部需要什么培训，可以通过问卷调查或走访座谈等形式向学员以及学员单位进行需求调查。只有加强调查研究，改变过去那种先定主题再设置内容，安排学员来培训的以"我"为主的传统做法，才能提升学员的学习主动性，确保学习成效。另一方面，注重更新，林草干部的培训实际上是一种源于实践并指导实践的过程，因此要根据实际需求不断更新内容。行业领导干部的日常工作实践性强，相应的培训更要结合任务要求，增强知识的可用性，能力培养的应用性，保证参训领导干部通过参加培训获得知识和能力的提升。

（三）强化效果评价及过程性评估功能

在林草干部教育培训项目开展中要强化过程评估，把培训评估贯穿于培训的前期准备、中期组织实施以及培训后的效果评价整个流程中，充分发挥"过程性评估"的纠正与预防的功能。通过全程评估不断完善评估机制，有助于进一步激发参训领导干部的学习热情，把相应的培训情况及时反馈给委托主管单位以及参训学员单位。通过完善质量管理模式，在管理中使目标控制与过程控制有机结合起来，将干部培训工作分成"培训需求调查""培训项目策划""培训实施过程"以及"培训效果评估"等关键质量控制点，以提高领导干部能力为中心，明确各控制点的相互关系，明确各环节的培训活动对于实现培训目标定位的作用。将整个培训服务过程视作一个系统，通过事前的预防、过程的检查、事后的及时纠正，让培训项目的每一项工作都得到改进和提高，从而提升领导干部培训项目的管理水平，提高培训效率。

建立评估结果的跟踪反馈机制，通过强化监督评估机制，以科学有效的检查原则、方法和步骤及时反馈培训项目开展过程中出现的问题，最大限度地发挥林草干部教育培训设计开发模式的指导作用。培训的组织实施是对课程设置的具体实践过程，通过培训师和参训学员在一定时间内，一定方式的互动作用共同完成。作为林草干部设计开发模式的最后一个环节，评价是对培训内容的开发和策划进行的有效检验。通过评价可以有效反馈实施结果，以达到不断修正和完善培训策划水平的目的。同时，为了促进培训效果的有效转化，评估结果能够激励培训设计者进一步加强培训设计的针对性和实用性，对于培训过程的复盘，更有助于为新一轮的培训策划和设计提供有参考性的意见建议。

二、林草干部教育培训设计开发模式的流程建议

（一）宏观上看培训项目的策划开发

培训项目的设计开发主要针对的是项目的确立和计划阶段，可划分为项目启动、项目计划、项目实施中对于计划的项目监控以及项目总结阶段。

1. 培训项目的启动阶段

培训项目启动阶段是获得主管委托单位的立项授权，正式开始一个新项目的过程。项目启动阶段包括三个环节：①明确培训项目。针对某一培训目标和任务，确定采取培训项目管理模式进行操作实施。②成立项目组。项目组成员一般包括：项目负责人，要求认真负责、有较强沟通能力、团队合作能力和一定项目管理经验；培训主题所属学科领域的专家学者；与项目推进有直接关系的人员，如授课教师、培训师、班主任、教学协调人、培训管理人员等。项目组将在整个培训项目实施过程中发挥策划、组织、沟通、协调、指导作用。③组织培训需求调研。参训干部的培训需求一般分为组织需求、岗位需求、个人需求三个层面。需求调研一般采取访谈法、问卷调查法、能力测试法等，但采取何种方法进行培训需求调研，要根据培训项目的具体需要，科学采用最恰当的调研方法。

2. 培训项目策划阶段

培训项目策划是明确目标和任务，以及为实现上述目标和任务制定行动方案的过程，主要解决：做什么、做的可行性、由谁来做、在何时做、在何地做、需要什么资源。在此阶段，要制定出用于指导培训项目实施的项目管理方案和项目文件。培训项目计划阶段的主要任务包括：培训需求分析、立项评估、制作培训方案及项目文件。①培训需求分析。培训需求分析是在培训调研的基础上，由培训项目采取各种方法与技术，对各单位及其成员的目标、知识、技能等方面进行系统的鉴别与分析，以确定

培训的主题、需要培训哪些内容。在现实工作中，培训工作的组织需求、岗位需求和个人需求并不总是一致的，培训需求分析应该将这三个层次的培训需求综合起来进行分析。②立项评估。立项评估是对项目初步确定的培训主题和培训内容进行评价，确保培训内容针对性、科学性。立项评估工作一般由项目组成员、培训相关内容分管领导和培训对象代表参与，采取集中论证方式进行。通过评估，决定培训项目的取舍，同时对拟开展培训项目提出意见建议，对培训内容和方式方法做进一步充实和完善。③制定培训方案和项目文件。培训方案的基本要素包括：培训目标与任务、培训内容、受训对象、培训方式、师资、时间、教材资料、场地和预算等。这些都是由培训需求分析的结果来确定。这些要素中，根据培训目标和任务，设置什么样的培训课程、选配什么样的师资是关键，这直接影响培训的效果和质量。

培训项目文件是对培训管理、成本、质量、进度、风险等进行控制而作出的书面规定。在项目计划阶段制作完备的项目文件，主要目的是避免当培训要素出现重大变更或风险时，培训项目的成本、质量和进度受到相应影响。同时，培训项目文件对培训机构、师资、场地提供方也是有力的约束，项目文件中的有关要求可以在培训协议中体现，以保护受训方的利益。

3. 培训策划的总结阶段

培训总结是衡量培训效果、考核培训项目、积累管理经验、健全培训档重要作用。这也是对培训项目策划开发的复盘和总结阶段，有助于接下来完善培训方案的实施。①教学评估。在周期长、相对复杂的培训项目中，培训评估应贯穿项目实施阶段，做到边评价、边总结、边改进。对于周期短、相对简单的项目，可以在培训结束后进行教学评估。评估的方法主要有问卷调查、量化评估表、访谈、观察等。教学评估能够直接量化评定师资能力和水平、课程针对性和效果、培训总体服务质量等，是确定师资选配与调整、课程设置与培养、教学服务改进与完善的直接依据。另外，要对参训学员满意度情况、培训收益情况作出整体评价，并分析具体原因。②学习评估。学习评估主要是对参训学员的考核，主要方法包括考试考核、撰写学习报告或论文、讲演、工作考核、领导和周围干部评价、班委会撰写学习鉴定等。技能型培训通常采取考试的方法对学员进行考核，如英语、计算机、应用文写作等。脱产学习两周以上的专题培训一般采用撰写学习报告或结业论文的形式进行考核评估。一方面可以检验参训学员的学习成果，另一方面写论文本身是学员对学习内容的再一次梳理和思考，可以增强学习效果。脱产学习四周以上的培训，应对参训学员进行学习鉴定，并将鉴定表存入学员培训档案。③项目总结。项目总结环节最主要的任务就是总结培训无形资产。所谓培训无形资产，就是一个培训项目实施过程中形成的各项规章制度、规范标准、操作程序、工作流程、工具方法等，还包括培训资料、文档模板、标准化表格、费用清单等文书档案，以及培训项目操作过程中所获得的经验教训等。进行培训项目总结，就是把以上培训过程中形成的无形资产进行整理和积累，为今后的培训工作提供参考借鉴，不断提高教学培训工作质量和管理水平，打造组织的核心竞争力。

（二）微观上看教学内容的设计开发

林草干部教育培训项目可以划分为委托培训和自主策划培训，根据委托或策划单位开展培训的目的而确立培训目标。项目课程的开发筹备阶段需要明确"为什么要培训"以及通过培训"想要取得什么样的效果"等问题。为了使这些问题更加清晰，从微观的角度看，建议教学策划按照以下步骤实施。

1. 教学对象需求的确认

①定位培训需求，行业培训项目的策划首先需要通过对培训相关方的调研来明确培训需求，需求调研有助于策划人员预判培训成果（实施培训项目能带来什么收益），精确参训对象（明确什么样的领导干部适合参加培训）和选择培训内容（通过什么内容和方式方法满足培训相关方的期望）。明确这些问题就可以最大限度地、合理运用培训资源，避免干部教育培训流于形式。可以说，通过培训需求调研明确培训预期成果、设立培训目标是培训教学策划的第一步，也是非常重要的一步。目前，林业草原培训需求调研初步实现了针对性的需求调研，但是要构建完备的调研体系仍需要大量的人力、物力和时间投入。②明确预期成果，在需求调研之后，培训策划人员能够根据调研结果较为准确的定位培训预期成果，这种成果可能是参训干部在行为、关系或行动，甚至是态度方面发生变化，也可能表现为林草知识的更新和相关技能的提升。目前林草干部教育培训项目的启动有可能是出台新的林草政策、专业技术推广的需要，也可能是为解决实际工作中出现的问题。值得注意的是，这些预期成果受培训目标、培训对象影响。③确定培训对象。参训对象直接关系着培训预期成果和培训目标能否实现，因此要确定哪些林草干部适合参加培训。筛选培训对象，最好事先知晓学员已有的知识技能水平，准确预期达到的知识技能水平，对比中间差距后才能明确培训期望，此外，地域、岗位、学历、工作经历等方面的因素也应纳入筛选培训对象的工作中。④明确培训目标。做好培训需求调研，确定预期成果以及明确培训对象后，能够更准确地把握培训目标。制定合理的培训目标，可以有效指导培训方案的制定，促进策划开发工作有序开展。

2. 教学方案内容的策划

对于方案策划设计者或者培训教师来说会面临抉择问题，设计什么时间、采用什么内容、选择什么方法是教学策划解决的问题，如在一些形势热点解读、实证分析的课程采用讲授式或者报告的教学方法，而一些能力或技能培训则选择互动式的教学方法。课程是教学方案的核心部分，目前林草干部教育培训项目的课程内容大多采用模块化的设置方法，结合培训目标和培训对象的不同，运用不同的模块组合进行内容筛选；在明确了课程内容之后，还需要采用适当的方法，成人教育培训中运用的教学方法有很多种，除了传统的讲授式，近些年越来越提倡参与式教学方法，更有助于领导干部提升解决问题的能力。

3. 教学设施设备的选择

为了确保培训的顺利开展，策划人员需要提前根据授课内容以及方式方法，准备好设施设备，用来保障教学目标的实现，如培训地点的选择（室内还是户外），培训工具的使用（无线话筒、幻灯投影，甚至是互动式教学常用的签字笔、白纸白板等），都需要设计人员提前选择和准备好。在一个设计好的培训环境里，培训设施设备是必要的保障因素，一方面要考虑哪些是实现培训目标的合适设施设备，另一方面是如何、何时、何地进行使用才能够最大限度保证教学的顺利开展。在考虑教学设施设备的选择、使用时机、优势特点以及局限性都要充分考虑。

4. 教学师资的筛选

培训师资是确保林草干部教育培训项目质量的关键因素，因为本章节研究的培训项目是针对领导干部，属于行业培训的范畴，所以在教学师资的筛选上更注重实用性和针对性，同时带有鲜明的行业特征。一般来说，专业技能型课程的师资构成以林草行业专家、林草管理人员为主，对于时政解析类的公共类课程以及领导科学类的素质提升和人文素养课程通常邀请该领域水平较高的专家学者，大都以党政院校、行政学院以及高等学校、科研院所为主。

5. 教学方案的生成

在明确培训目标，策划恰当的培训内容，选择合适的方式方法，筛选师资等环节结束后，教学方案的策划开发工作拿出的成果会以培训方案以及日程安排的形式出现，也就是对前几步工作的汇总。

6. 对教学的监控与反馈

在培训项目的组织实施过程中，培训策划开发人员需要精准了解每个步骤是否如期进行，参训学员在培训中学到了什么、吸收了多少知识、技能得到多大程度的提升，为了回答这些问题，教学策划人员还需要从教学的角度对培训进行监测和评估，精心设计的监控方案有助于保证培训实施过程中按照计划安排顺利进行，同时也为教学设计人员了解、评价教学过程提供了科学的参考依据，更为下一步完善类似培训方案，确保提升培训质量提供了可靠的方法和路径。

本章节通过总结现有林草干部教育培训策划开发方面的实践经验，明确了设计开发林草干部教育培训项目及课程的原则，提出了构建林草干部设计开发模式进一步关注的重点问题，如加强行业干部培训需求调研的导向性，大力培养培训机构自由师资资源、开发出符合林草干部教育培训需要的课程体系，从组织管理的角度完善培训激励工作以及如何促进培训成果转化为工作实效。本研究提出的培训设计开发模式，从全过程管理的角度更侧重培训设计开发流程的规范化，为行业干部教育培训策划人员提供借鉴，有助于把握培训项目的策划开发方向，对于教学方案内容的设计也有一定的参考价值。

第四章

林草干部教育培训的课程内容模式 》

第一节　教学内容模式的界定及研究意义

多年来，中国共产党一直注重干部教育培训工作，在中央发布的一系列文件中，不仅提出了干部教育培训的任务要求，更明确了相关培训内容，中组部《关于2008—2012年大规模培训干部工作的实施意见》提出了要"通过教育培训，使广大干部的理想信念更加坚定，推动科学发展、和谐发展、和平发展的本领不断增强，科学文化素质、业务素质明显提高"，《中共中央关于印发〈干部教育培训工作条例（试行）〉的通知》提出培训内容要"应当根据经济社会发展需要，按照加强党的执政能力建设和先进性建设的要求，结合岗位职责要求和不同层次、不同类别干部的特点，以政治理论、政策法规、业务知识、文化素养和技能训练等为基本内容，并以政治理论培训为重点……促进干部素质和能力的全面提高"，明确指出干部培训要"与时俱进，改革创新，改进培训方式，整合培训资源，优化培训队伍，推进干部教育培训的理论创新、制度创新和管理创新"。《2010—2020年干部教育培训改革纲要》提出要"完善培训内容体系。着眼于提高干部素质和能力，建立以培训需求为导向的培训内容更新机制，不断完善理论教育、知识教育、党性教育体系"。

领导干部是治国理政的直接责任者，其素质和能力决定着党的执政能力和国家的管理水平，作为现代林草建设的中坚力量，林草干部教育培训为推进可持续发展、服务生态文明建设提供有力的人才保障。要落实中央对干部教育培训的要求，首先确保培训课程的针对性和有效性，这不仅关乎培训的质量，而且关乎党和国家方针政策的执行以及国家战略的落实。林草干部教育培训既具有一般领导干部培训的共性，更应突出行业背景下的特性。本章以课程模式相关研究为基础，对国家林草局管理干部学院2011—2022年开展的干部教育培训项目进行梳理和反思，同时借鉴西方先进的公务员培训课程理念，在此基础上构建林草干部教育培训课程内容模式，对进一步完善林草干部教育培训教学模式，具有现实指导意义。

一、概念界定

（一）林草干部教育培训教学内容模式的外延

本章对于林草干部教育培训课程模式的探索和研究，主要来源于国家林草局管理干部学院承办培训的实践经验。作为国家林草局直属的干部教育培训学院，培训对象主要有林草系统处级以上领导干部、林草重点工程县县级领导干部、国家林草局机关公务员、林草中青年后备干部、林草企业中高级领导干部、林草中高级专业技术人才和关键岗位人员等。多年来学院承办了大量林草干部教育培训项目，具有行业干部培训研究对象的特点，符合研究需要，总结其在培训课程内容方面的经验，有助于认定林草干部培训教学内容模式的应用范围。

（二）林草干部教育培训教学内容模式的内涵

模式，作为一种科学方法，它的特点是提取特征（纪国和和张作岭，2005）。从现代教育课程论看，课程模式（curriculum model）是来自某种课程原型（curriculum prototype）并以其课程观为主要指导思想，为课程方案设计者开发并编制课程文件提供思路和操作方法的标准样式。本研究提出的培训课程模式是以培训课程内容为原型的衍生物，主要解决的是培训课程内容的分析设计问题。培训课程模式不但为课程开发步骤提供可操作的思路，同时是培训课程方案设计者可以参照的标准样式和开发方法。

在成人学习理论指导下设置的课程内容，以知识更新和能力提升为基础，运用系统的观点和方法，依据培训目标构建培训模式、明确内容结构，以便提升培训的针对性和实效性，使培训效果达到最优。课程内容模式具体包含以下四个部分：课程观、课程结构、课程内容及课程开发与评价。①课程观是对课程的基本观点和看法（佘双好，2022），是课程模式构建的理念和指导思想，对于成人培训来说，干部教育培训不局限于知识的传播这种理论层面，应根据不同的培训需要，有针对性地提高领导干部的综合素质和工作能力。目前比较流行的观点有成人教育理念、能力本位视野、构建学习共同体以及隐性知识开发等课程设计理念；②课程结构，以能力结构模型为基础，体现课程的分类和层级关系，干部培训通常以领导干部中的九种通用能力模型为指导，按照局、处、科级、普通公务员的能力要素进行构建；③课程内容，包含课程知识内容和教学方式方法，根据培训目标和学员需要，以能力本位、学用结合为设置原则选择有价值的课程内容，搭建相关更新知识和能力建设体系模块，同时采用不同的培训方式进行支撑，促进培训成果在工作岗位上的最终转化，对于不同培训目标，针对不同类型和层次的受训者，知识传授和能力培养的课程内容也不尽相同；④培训课程开发是指培训课程产生的过程，体现课程模式特点和应用性。

二、研究意义

随着生态文明建设深入推进，林草事业进入新时代，林草干部教育培训也将面临更大挑战，林草干部教育培训机构的宗旨是为建设生态林草大环境提供有力的人才队伍保障，如何在新形势下提升自身优势是值得每个培训机构重视的现实问题。行业培训机构转变培训观念，创新培训方法，改进培训方式。针对林草建设中坚力量的领导干部需求做系统研究，尤其是从分层分级的角度确立适合不同领导干部和不同培训项目的课程模式，能够确保在有限的培训时间内获得培训效果，更能提升林草干部教育培训的研究水平，有助于培训机构探索出一条适合林草干部教育培训需要的特色道路。

第二节　培训教学内容的研究综述

一、理论基础

（一）成人学习理论

成人学习理论是干部教育培训遵循的基本依据，因为干部教育培训属于成人教育的一种形式，而领导干部作为培训对象的学员属于成人范畴，所以干部教育培训应遵循成人学习规律。成人教育领域已经形成了多理论、多视角和不断更新发展的态势。成人教育理论、自我指导学习和嬗变学习理论三大经典理论，为人们认识和了解纷繁复杂的成人学习现象提供了最初的窗口。例如，自我指导学习理论中诺尔斯和塔夫等人认为自我指导学习的目标应该是学习者的自身发展，特别是发展自我指导的能力。而麦兹罗等人认为学习目标是实现嬗变学习，学习者通过批判式地反思来实现其自我角色的改变。还有学者提出自我指导学习的目标，应该是提升个体自我社会行动，如组织举办的各种成人培训学习机会。综上所述，成人学习有着独特的特点规律，符合这些特点规律的培训，容易被学员所接受，同时，学员的学习积极性和主动性会相对较高，培训效果比较理想。

（二）认知心理理论

认知心理学（cognitive psychology），是20世纪50年代中期在西方兴起的一种心理学思潮和研究方向，一般指研究人类的高级心理过程，主要是认识过程，如注意、知觉、表象、记忆、创造性、问题解决、言语和思维等。类似于当代的信息加工心理学，即采用信息加工观点研究认知过程，其历史背景，可以追溯到两千年前的古希腊时代。当时一些杰出的哲学家和思想家如柏拉图、亚里士多德等都对记忆和思维这类认知过程做过思索。除了哲学思想的影响外，还可以从心理学本身的发展及与邻近一些学科交叉渗透的影响来考察。广义上的认知心理学包括以皮亚杰为代表的建构主义认知心理学，心理主义心理学和信息加工心理学，狭义上就是信息加工心理学，指的是用信息加工的观点等研究人的接受、贮存和运用信息的认知过程，包括对知觉、注意、记忆、心象（即表象）、思维和语言的研究。与行为主义心理学家相反，认知心理学家研究那些不能观察的内部机制和过程，如记忆的加工、存储、提取和记忆力的改变。以信息加工观点研究认知过程是现代认知心理学的主流，可以说认知心理学相当于信息加工心理学。它将人看作是一个信息加工的系统，认为认知就是信息加工，包括感觉输入的编码、贮存和提取的全过程。干部教育培训的课程观和课程结构内容的确立，要遵循干部学员的认知心理规律，尤其是对于课程内容和教学方法的评价，更以认知心理的接受程度为导向。

二、研究成果

（一）从课程观角度看

从课程观角度看干部教育培训理念研究，基于能力建设视角下的本位研究比较多。以领导干部中的公务员培训为例，2003 年，人事部颁布《国家公务员通用能力标准框架（试行）》之后，从制度层面基本确立了能力本位的公务员培训理念。吴江主编的《公务员通用能力教程》（2007）、东方治主编的《公务员通用能力提升》（2013）、张国臣等著《公务员能力建设论》（2009）以及国家行政学院出版社出版的《公务员九种通用能力简明培训教程》（2006）都是直接围绕着公务员九种通用能力设置培训内容，以此达到提高公务员通用能力的教育目标。同时，原人事部包括社会专家学者，在九种通用能力的基础上分层分级制定能力标准，并围绕相关能力框架，开设相应的课程，开展公务员培训。例如，李守林、于学强主编的《局处级领导者素质与能力》（2004）、程连昌主编的《处长能力与素质读本》（2007）、马林的《干部素质与能力训练》（2007）、苏保忠的《基层公务员素质与能力建设》（2009），原人事部公务员管理司规划审定的《科长能力与素质读本》于 2001 出版，围绕局、处、科、一般公务员，以原人事部为主组织编写了一系列能力培训教程，如李俊伟主编的《怎样当好处长》（2010）、《怎样当好科长》（2003）、《科级公务员任职培训教程》（2001），刘耀臣的《怎样当好正职》（2009），宁超群的《怎样当好副职》（2009）。

国际上，英国、澳大利亚、美国、法国、日本、德国等国家也纷纷确立了能力本位的培训理念。谷晙主编的《培训管理者培训成果选编》（2007）收录的由国家行政学院培训部陈菲撰写的文章《英国公务员"能力本位培训"的分析与启迪》（2007）介绍了英国政府将能力本位培训引入公务员培训，通过培训和开发公务员的专门技能和能力，充分挖掘和完善其自身潜力，以达到公务员个体职业能力、岗位绩效和组织绩效三者的统一和提高。该文从能力本位的培训目标、培训方式、培训方法、培训评估手段等角度论述了能力本位培训理念。韩志伟所著的《"能力培训"：机制与方法——澳大利亚公务员培训经验与启示》（1998）则全面介绍了澳大利亚公务员"以能力为指向的培训"的改革新举措。该书指出澳大利亚公务员要通过职业培训制度要求的工作能力评估和专业能力培训，而且公务员培训全国联合委员会还专门制定了普通公务员、中级管理人员和高级服务人员的核心能力标准，并以此开展培训和评估。在期刊论文方面，关于能力本位培训理念的论文被引用较多的有焦金艳的《我国公务员以能力为本位的培训模式的构建》(2006)、林小倩的《基于能力本位的我国公务员管理体系的构建》（2010）、黎华的《基于能力提升的吉林省公务员培训体系构建》（2009）等 20 余篇硕士论文。都荣胜的《关于公务员培训模式的实践探索》（2009）、李静的《实施"能力主导型"公务员培训模式初探》（2009）对公务员能力本位培训模式进行论述，中间不乏对能力本位的公务员培训课程模式及方法的探讨。

（二）从课程结构的角度看

课程结构的探讨主要集中在公务员能力模型的构建上，大都是以人事部颁布的《国家公务员通用能力标准框架》的九种通用能力模型为基础，提出局、处、科级和普通公务员的能力要素。真正对公务员开展学术研究的著作比较少，目前找到的有王慧所著的《中国公务员胜任力结构及提升机制研究》（2012）。该书是一部比较严谨的学术著作，从胜任力的研究起源、研究内容和研究进展展开论述，提出胜任力模型的构建以及对模型的检验方法，进而分析胜任力与绩效的关系以及胜任力的影响因素和作用机制，最后提出构建公务员胜任力的基本思路。

李森所著的《党政领导干部素质与能力培养研究——干部培训视角》（2008）从干部培训的角度提出建立党政领导干部素质与能力模型。该书从基本理论分析出发，进行历史与现状考察，建立厅局级能力模型，并以此为基础进行能力素质的培养和干部培训效益评价。从干部培训视角出发，是该著作的主要特点，其对素质与能力的分析始终围绕培训展开，为培训服务，有较高的借鉴价值。

李和中和钱道赓合著的《中国公务员素质建设研究》（2008）则以历史和国际比较的方式抛出中国历史上和世界主要国家对公务员素质的基本看法以及素质测评的理论和技术，进而对公务员个体和群体素质进行分析，提出公务员素质建设的基本内容，并以此作为公务员培训的内容。而沈远新主编的《领导者能力与素质测评方法和提高》（2008）一书则提出领导者的能力模型，并给出能力综合测评的办法和训练方式。另外，吕彤著的《现代干部培训的师资素养与技能》（2013）认为素质模型必须建立在对机关特点、文化、战略、岗位等基础问题进行系统分析研究的基础上。该观念在建立能力模型时有重要指导意义。

在能力模型方面，对多篇被引用较多的硕士论文进行研究发现，这些论文都对胜任力模型的基本概念、建立的办法以及如何使用能力模型进行了论述，有些论文还提出检验能力模型的办法。

（三）从课程内容的角度看

关于干部培训课程模块与内容的相关研究比较多。主要分以下几个方面：

①干部培训应体现政治、经济、法律、道德等方面的知识和要求，包括专业理论知识，专业技术、技能和必要的科学文化知识。持这种观点的著作有张荣著的《公务员制度的理论与实践》（2012）、刘玉瑛的《公务员上岗培训》（2010）。

②干部培训内容应包括思想政治教育、科学文化知识教育、道德教育、领导水平和执政能力的培养和提高。例如，王泉所著的《中国共产党干部教育创新研究》

（2011）、魏茂明所著的《新时期干部教育概论》（2004）、李小三主编的《中国共产党干部教育简史》（2009）、林汐主编的《中央党校党政干部核心能力提升高端培训课程》（2013）。通过梳理干部教育史发现，该课程结构自中共二大之后基本定型，只是其内容随着时代和形势任务的不同而不断调整和丰富，以符合党的执政理念。

③干部培训课程具有较强的学科特点。例如，林汐主编的《清华北大党政干部高级研修班培训课程》（2013）以公共管理、领导科学等学科为基础开设培训课程。黄文华所著的《干部教育培训设计与管理》（2008）认为干部教育培训课程以社会主义市场经济、外贸、经济管理、公共财政等课程为主。张荆等所著的《国家行政效率之本——中日公务员制度比较研究》（2007）认为公务员需要培训政治理论知识、法律法规和政策知识、市场经济知识、公务管理知识、科学技术知识、外语知识、职业道德知识以及其他专业知识。在领导干部培训的课程和内容上，党和国家的相关文件提出干部教育培训要以能力建设为核心，培训内容要以工作内容为出发点。

（四）研究述评

总体而言，目前对领导干部和公务员培训的研究比较广泛，关注点稍有不同，而对于培训课程模式研究的文献则非常有限。通过对中国知网（CNKI）数据库进行检索，明确篇名以"公务员+课程模式"为主题词进行检索，文献仅有10篇，均为期刊类文章，这些研究有的从教学方法出发，如通过网络培训、主题讨论式进行探索，有的从课程理念入手，如职业导向型、积极心理学视角探讨。整体来看，基本局限在课程模式某一部分的尝试性探索归纳，均没有从课程模式的整体过程进行研究。

而且相关论著对培训课程的研究视角较为单一、缺乏深度。例如，期刊论文主要集中对干部培训的对象、渠道、内容、方式、管理、评估等培训过程中的具体问题进行策略性探讨，缺乏统一理论的指导。很多硕士论文针对一些机构干部培训进行了实证性研究，很少涉及课程开发的整个环节。又如，很多文献都提出要在干部培训中要加强能力培训，但大都仅提出围绕国家公务员九项通用能力开展培训，很少有研究者提出要根据领导干部的岗位实际需求开展能力本位的情况，同时缺乏对某一行业类干部培训课程的综合性探讨。因此，干部培训相关研究总体看无法适应干部教育发展的需要，一方面是因为理论的滞后，另一方面是因为干部教育体制，尤其是评价机制、运行体制的限制。有必要进一步深化对领导干部培训及其课程开发和评价的研究，如从课程观到课程内容、结构，甚至是开发流程的整体性探讨。

第三节　国外干部教育培训教学内容方面的经验及启示

一、西方公职人员培训的经验和特点

西方发达国家历来把公职人员培训作为公共部门人力资源管理的重点领域以及一

项系统工程来管理，在干部培训方面加大投入，屡出新招。尤其是新公共管理理论提倡在公共管理中引入竞争机制来提高服务，以顾客为导向改善行政绩效的主张与制度设计，对于指导我国公务员培训体制改革、提高公务员培训质量和效率有着重要的参考价值（叶绪江，2011）。从确定培训需求、设定培训目标、制定培训计划、实施培训方案、培训效果评估与反馈等若干环节，践行"一切为服务对象着想、以培训对象为中心"的人性化管理，体现了一种绩效管理的理念，对我国领导干部培训具有一定启示。从课程模式的角度看，研究者认为有以下方面值得借鉴。

（一）课程开发前针对性的培训需求分析

突出培训的个性化需求，体现培训的公民导向，是西方干部培训的特点。西方国家在培训前会开展周密的培训需求调研，进行需求分析，解决为什么要培训以及培训目标和培训内容等问题。为了收集真实有效的培训需求信息，澳大利亚、新西兰两国采用了多种有效地调研形式：一是向各部门发放培训需求调查表，在征求各单位个人培训需求的基础上，再进行汇总和综合分析，进一步明确干部的整体培训需求；二是进行走访和座谈，了解干部在知识和能力结构上存在的问题，以及社会或工作岗位对他们的特殊要求，从而确定培训任务和培训内容。澳大利亚的《价值观和道德准则》和新西兰干部胜任能力模型奠定了培训设计和规划的基本框架，使组织发展目标和个人职业发展目标有效结合。具体来看，首先是对组织优先发展的战略方向进行评估，确定培训目标；其次，根据组织发展对人才素质的要求，以及干部持续的技能学习和职业发展需要，建立胜任能力框架，对不同级别所要求的胜任能力，给予具体明确的规定；第三，以胜任能力框架为基础，为所有干部制定个人职业发展规划，对个人职业发展的各种需要进行规划；第四，人力资源开发机构还可以帮助干部制订适合其职业发展需要的培训项目计划。通过有效的培训需求分析很好地融合组织绩效和个人绩效目标需要。

（二）课程观中的目标明确、理念先进

为避免"为了培训而培训"的现象，西方干部培训在起点上就规划好"航向"，力求始终贯穿绩效理念，确立绩效目标。首先，厘清培训的使命和愿景，揉进绩效因子。例如，加拿大公共服务学院在干部培训上承担五个方面的使命：在干部队伍中鼓励卓越和自豪感；培育干部的共同目标、价值观和传统；满足共同的学习和发展需要；帮助政府各部门首脑满足组织的学习需求；在公共部门管理和行政管理中追求卓越。可以说，注重能力培养，适应政府公共管理改革和干部职业发展的要求，是贯穿西方干部培训始终的理念。

澳大利亚则以干部《价值观和道德准则》为指导思想，从政治立场、就业观念、职业道德、工作环境、工作目标等方面规定了干部应具备的 15 条价值观念，从干部的品质、态度、行为方式和法律、规则、纪律等方面确立了必须遵循的《行为规范》，统

一的价值观和行为规范为干部培训提供了起点标准。这些使命愿景突破了传统效率的单向度要求，融入人性化管理、价值观的要素，凸显能力、动机和态度等方面的角色转换，是绩效管理的表征。其次，与新公共管理改革相适应，以胜任能力模型为基本依据是西方干部培训的共同特征。

新西兰于 2004 年就颁布了《新西兰干部通用和特定素质》，对不同层次的干部规定了素质要求和标准要素，为培训确立了指向和目标，尤其重视领导能力模型的研究与设计，从领导素质、个人品质和一般管理能力三方面列出了素质标准。干部胜任能力模型规定了干部在其职业生涯的各个阶段应该具备的基本能力标准，并按不同级别的岗位要求，对能力标准作了非常细致的划分。干部提升到某一级别，就应达到相应胜任能力的要求，如果没有达到这一标准，就有针对性地参加相应项目的培训。清晰的能力标准，有助于干部清醒认识自身的优势与存在的问题，从而实现绩效改进。当然，不同的部门机构在能力培养方面有其自身特点，各部门可以根据实际需要进行调整。

美国政府同样提出了一些干部培训理念，如行为主义（认为学习是获得新行为的过程）、认知主义（认为学习是知识获取和存储的过程）、构成主义（认为学习是积极构筑新知识的过程）和社会构成主义（认为学习是个人的社会化过程），在培训中强调以工作中的问题为导向、强调学员的主动参与和已有知识和经验的迁移，提倡"让拳击手教拳击"，切实提高干部发现问题、分析问题和处理问题的综合能力。

（三）针对需求开发菜单式课程结构

要体现培训内容的针对性和个性化，重点应该在课程开发上下功夫（成丕德，2010），通过充分挖掘需求信息，引入市场竞争机制，确保课程开发的效率和效益。巴西专门设有干部培训课程研究和开发的机构，聘请既有理论功底又有丰富实践经验的专家学者和实际工作者，一起参加开发课程。专家在开发课程前先向有关部门、单位、企业、公司发出需求登记表或问卷调查，以收集情况，获取需求信息。信息反馈后进行筛选分类，研究分析，然后由课程开发小组成员分工完成开发工作。当新开发的课程试用一轮结束后，在广泛听取各方意见的基础上进行修改，并把它输入电脑，供随时调用。对选定的课程实行公开招标，不但本部门、本系统、本行业的培训机构可以投标，其他部门和行业乃至国外的培训机构也可以参加竞争。类似的，澳大利亚、新西兰两国也公开推出不同培训模式的评估和招标，实行培训项目的合作制或委托制。

加拿大培训机构更强调课程设计过程的科学化和经济化，针对不同对象设置培训课程，每项课程的设计都经过详细周密的需求调查论证，结合自身的能力以及各部委的具体工作来确定，并在培训对象发生改变时及时做出调整。在课程开发上严格执行如下程序：根据需求调查和市场分析确定一门新课；获得机构管理委员会的批准；把课程的内容和费用同私营部门和大学同类课程比较评估；决定课程是由自己"制作"还是从私营部门"购买"，以达到最佳培训目标，突出绩效管理中的"经济"因子。

为适应不同岗位、不同层次干部培训的需求，使计划培训与选择培训有机结合，西方各国干部培训在课程设计上，除了面向所有干部开放的一般性课程外，培训部门还根据"顾客"特殊需要量身定做课程，设立培训模块和培训菜单，把组织计划调训与培训对象自主择训有机结合。

在澳大利亚、新西兰两国，政府对干部很少进行普及性的大规模培训，所有的培训都是在广泛调研的基础上，针对每个部门或每个员工自身的具体情况而设定。每年年初，人力资源开发机构会向每位干部发放一份培训课程表，详细列明一年中将要举办的各类培训项目，同时公布每个项目的预期目标、主要内容及授课师资。干部可根据自身需要选择适合的培训项目，对于一些较为普遍的培训课程，学员可选择参加外部培训机构组织的培训；对于一些较有针对性地培训课程，则由人力资源开发机构专门组织内部培训。英国干部培训的课程设计则体现了以任务为导向、以提高技能为目标的特征，根据部门类属、职位高低而实行的差别化培训。例如，干部应遵守的道德也是一项重要培训内容。针对干部面临的心理压力很大，如何减缓干部的工作压力等心理学培训在英国深受欢迎。"菜单式"的课程设计，既保证组织培训目标的实现，又给予受训者适当的选择权，实现组织发展与个人职业发展的双赢，充分体现了"以人为本"的培训理念。

（四）科学规范的课程管理

当今社会信息技术发达，通过研发各种学习软件对干部培训进行规范化管理，实施绩效跟踪监控，可以提高干部培训的效率和效益。美国多数政府部门如财政部、洛杉矶市政府规划局等培训管理机构，都拥有经过精心设计的培训管理系统软件。一方面，每一位干部都可通过访问所在部门的培训管理系统，详细了解培训计划及各种培训项目的内容和特点，根据工作需要和个人兴趣报名参加，自己掌握具体培训进程，最后以学分等形式及时添加到个人培训档案中，供年终测评及晋升使用。另一方面，对要求干部必须参加的培训课程，系统会通过发送电子邮件等形式向所辖干部发送通知，明确要求其在规定的时间、地点和方式参加有关培训，告知没有参加培训的后果。这种管理方式取得了良好的绩效，从培训管理者角度来说，实现了对培训计划、需求调查和分析、课程设计、材料准备、组织实施、监督评估、成本预算等各个环节的全面管理。从受训者角度来说，确保了"想训可训，应训必训"。

美国开发了代表该类系统发展方向的学术软件 Moodle，即模块化面向对象的动态学习环境。Moodle 是一个基于因特网的课程和网站的软件包，不仅能提供结构化的培训内容，还可以提供交流互动所必备的通讯媒体，建立学员与教师、学员与学员之间良好的人际关系。主要有以下功能：①支持多种类型课程，Moodle 支持自主式、引领式、讨论式三种主流类型的课程，以适用于不同的用户；②灵活的课程管理，Moodle 支持无限制的课程目录创建，任何时候课程管理员都可以创建、移动、下载、修改课程，每门课程都可以设置灵活的权限和等级；③学习记录跟踪分析，Moodle 支持学习记录的跟踪，教师可以查看学生的学习报告，包括学生访问课程的次数、时间和场所，也可以查看某个教学模块的学生参与情况；④班级小组功能，Moodle 的班级、小组功能支持公开和封闭属性，配合教学模块，教师可以有效地组织教学活动；⑤课程资源管理，每门课程均设有一个独立的资源存储空间，教师可以方便地上传各种教学资源。软件支持常见的动画、音视频等多媒体素材，可以链接任何常见的课件；⑥试题库，Moodle 包含了一个功能强大的在线测试系统，每门课程可包含一个独立的试题库功能，试题库支持选择、判断、填空、完形填空、匹配等在线测试题型，教师可以随机、手工或随机手工组合出题，系统支持多种成绩统计和分析功能；⑦多种在线教学模块，软件支持讨论、笔记、聊天、词汇表、练习、调查、训练、专题等十余种在线教学模式。学习软件的运用拓宽了培训空间，节约了培训成本，提高了培训效率。

（五）多样化的教学方法

强调教学方法的运用是新公共管理的亮点，而培训方式是使培训内容见成效的重要手段之一。培训方式多样化是西方干部培训的又一特点，广泛采用案例教学、专题讲座、情景模拟、现场观摩、小组教学、专题调研、实地考察等教学方法，促使培训理念得以充分展现。

经过多年的实践摸索，英国总结了一系列行之有效的培训方式：①行动学习法，行动学习法是一个以完成预定工作为目的、持续不断反思与学习的一种方法，注重的是绩效的改变；②岗位训练法，干部在被录用后都要经历一个试用期，在各部门资深干部的传、帮、带下进行不离职培训和轮岗培训；③心理调适法，在心理专家主持下，通过心理测评，在小组互动中加深自我认知，据此制订个人职业生涯计划，追求自我完善；④案例教学法，它要求受训者在一些或源于自身经历或源于培训者介绍的范例探究的基础上实行"经验共享"。澳大利亚、新西兰两国十分注重培训理论知识与实际技能的结合，不会拘泥于固定课程内容和模式，结合最前沿的社会问题，如最新的新闻事件或学员们面临的现实困惑，阐述自己的看法或观点，注重课堂互动，要求学员针对讲义提出问题，以培养学员的独立思考精神和创新意识。针对高级干部愿意自己参与、自己活动，而不愿听别人去讲的特点，适当增加一些情景演练、模拟场景、相互点评等培训教学方法，激发学员参与学习的积极性。在西方干部培训过程中，受训学员是一切培训课程、培训内容和培训方法设计与使用的主宰，不仅充分体现"以人为本"的培训理念，而且提高了培训绩效。

（六）从绩效管理的角度重视培训评估

结果导向是政府绩效管理的显著特征，西方干部培训通过注重效果评估凸显这一特点。质量是干部培训的试金石，量化评估贯穿培训始终是其共同特点，虽然各国的实践有所不同。加拿大干部培训的评估框架包括三部分：一是对培训对象的需求进行评估；二是课程效率的评估，包括学员培训日总数，每个培训日每位学员的费用成本等；三是课程效益评估，又分四个层次（第一层次，课程结束由学员对培训效果进行正式评估；第二层次，课程结束半年后由学员对培训应用效果进行评估；第三层次，由学员的上级和同事对培训者的实际效果进行评估；第四层次，对培训课程给政府和各部门工作带来的影响进行评估）。从这一评估架构来看，既包含了绩效的"3E（产出、效率、效果）"要素，又考虑到时间跨度。

英国主要从以下几个方面开展培训效果评估：一是学员对培训项目的评价，因为如果学员对培训内容或培训形式不感兴趣，培训效果就会大打折扣；二是检查学员对培训内容是否掌握；三是绩效跟踪，看学员是否真正掌握了课程内容并运用到工作中去；四是测量培训是否有助于工作业绩的提高。在评估过程中，将干部需具备的核心能力作为评估标尺，对干部个人能力评估定位。对高级干部评估，侧重基本能力评估与高级职位工作测评要素（即管理部下、责任制、判断力、影响力和业务能力）相对应、相融合，明确高级干部履行职责所必须具备的素质、技能、经验、方法等。在评估结果的应用上，将培训效果作为其任用、晋升等的参照条件。澳大利亚则开发了评价中心技术（情景模拟测评技术）、360度评估等非常有效的测评方法，为干部培训提供了科学的依据；从培训绩效评估的内容来看，包括培训立项、培训计划、培训内容、培训方法、培训效果等各个方面，每项内容都针对干部的工作需要、岗位需要和个人需要提出相应的要求和问题；评估的结果作为培训工作总结和绩效改进的可靠依据。美国干部培训也把评估作为实现培训目标的重要环节，提出了ADDIE评估模型，从培训项目的整体考虑评估工作，在设计阶段就定义培训的预期目标，培训过程中不断对照细化目标进行监督调控，培训结束后按照总体目标对培训效果进行全面评价。并追踪到实际工作中进行评估，把培训后干部的工作情况作为评估培训成果的一项标准，注重培训的实际效果。综上所述，西方各国干部培训的评估工作规范化、制度化，既有成熟的评估指标开发思路和指标设计的丰富实践，又对评估框架、评估模式、评估主体、评估方式等绩效评估的组织实施要素进行了详细规定，做到有章可循，从而使绩效评估贯穿整个培训过程，体现了绩效管理的结果性导向。

二、对培训教学内容模式的启示

伴随"新公共管理"改革的深入，以能力提高为核心的干部培训理念和与之相配套的教育培训模式和体系逐渐成形，西方干部培训彰显了个性化、网络化、市场化等元素：培训机构逐步向市场化方向发展；培训方式转变到以能力建设为主的参与式、实践式教学；培训手段从原来的课堂授课，拓展到网络空间，这些新进展体现了干部培训的发展趋向。结合我国实际情况，研究者认为以下几点值得借鉴：

一是转变培训理念。应该"跳出培训而看培训"，确立一种"能力本位"的培训理念，着重提高学员将知识运用于新的环境和情景的职业操作能力。在培训内容上，从

"教育取向"转变为"方法取向"和"行为取向",从"应知"转向"应会";在培训方式上,由传统的讲授转向问题研究;在培训绩效上,从关注过程(培训投入)向关注结果(培训产出)倾斜;在培训管理上,从单项管理转变为按培训周期的系统化管理。

二是重视需求调研。转变以往重视单位和事业发展需求、忽视干部个体发展需要的状况,通过深入细致地调研分析和评估分析搞清接受培训的单位和个人的需要,然后围绕需求设立培训项目,进行培训方案设计,提供可能选择的培训课程和培训方式,满足个性化的培训需求。

三是给予选择余地。避免过去培训一刀切的通病,帮助受训对象制定个性化的培训计划,尊重个人的特点和发展意愿。参考国外"菜单式"培训课程设计,将组织发展与干部个人职业发展有机结合,既满足组织的培训要求,也最大限度地给予干部对培训内容的自主选择权,从而解决组织需求和个人发展、工作和学习的矛盾。

四是全方位评估。建立多层次的培训评估体系,确保评估结果客观全面。国外经典的培训评估理论与工具,如五层次培训评估理论、360度反馈等,结合实际,有效实施,保证评估全面系统和客观有效。重视评估过程和流程化操作值得培训管理部门和培训机构学习借鉴,如细分层级和类别的培训主题与相应的培训管理部门和培训机构挂钩,以确保培训内容的实效性;在强调个人发展需求与组织需求相结合的同时,重视激励个体的主动需求与多样化发展,强调"以人为本"的理念。

第四节　林草干部教育培训教学内容方面的实践探索

本节对于林草干部教育培训教学内容模式的实践总结,以国家林草局管理干部学院承担的林草干部教育培训项目为主要研究对象。国家林草局管理干部学院是国家林草局直属的干部教育培训机构,承担着林草干部教育培训的重要任务。经过多年来实践探索,不断丰富林草干部教育培训内容,完善林草干部教育培训体系,注重提高培训教学质量,截至2022年已形成了一个涵盖"理论与形式、公共管理、领导科学、领导能力、人文素质、林草及相关政策法规、林草专业知识、林业企业管理、林草应急处置、林草重点热点"多元化模块课程体系,以及包含不同主题品牌项目体系。其中,最具代表性的是多年来学院承办的林草干部教育培训主体培训项目,本节梳理了该院主要林草干部教育培训项目的实施情况,并对培训班的时间、内容、师资和学员特点等相关权变因素进行分析。

一、国家林草局公务员及直属单位业务骨干在职培训项目

这类在职培训项目,是由针对公务员开展的各类专题类培训班发展而来的,如公务员法与行政能力建设培训班(2005年),公务员行政许可法与现代公共管理培训班(2004年),公务员公共管理与电子政务培训班(2003年),公务员更新知识培训班

（2006年和2007年共举办5期，培训学员205人）等。2008年以后，学院的这类培训项目统称为公务员岗位培训班（后更名为在职培训班），培训目标是改善公务员知识结构，加强公务员队伍能力建设，进一步提高各司局机关公务员及直属单位业务骨干的业务素质和工作能力。培训周期每年2～3期（2012年、2013年、2014年每年仅1期），截至2020年年底，公务员（岗位）在职培训班已举办28期，培训学员共1039人次。在国家林草局人事司的领导下，无论是办班运行机制还是对培训班的组织管理都已经形成较为稳定的模式。

课程模块包含林草重点热点、依法行政、公共管理和能力建设等方面的专题讲座。培训扩展学员知识面的同时更注重能力培养，相继开设了调查研究能力、公共服务能力、沟通协调能力等课程，以提升公务员岗位能力为主要目标，力求培训的科学化和多元化。除专题讲授外，策划了一些互助式学习方法，如学员辩论，通过学员之间就林业热点问题进行激烈辩论，以多角度多视角的方式增强对某一问题的了解；通过知识竞赛组织学员对当前时政热点和党政会议精神进行知识梳理，激发了学员的学习积极主动性，进一步增强培训的针对性和实用性，得到学员的一致好评。

为使评估更科学化，学院由2009年开始采用问卷调查和访谈相结合的方式进行评估。力求客观了解每期培训效果的同时，针对培训内容设置进行调查，获得可靠的评估数据和学员的真实评价。为进一步确保评估的有效性和客观性，结合学院质量监测体系要求，把培训班效果满意度测评工作交由不承担设计任务的培训管理处负责，做到策划与监督相分离，确保评估结果的客观公正。经统计，总体教学满意率如图4-1。

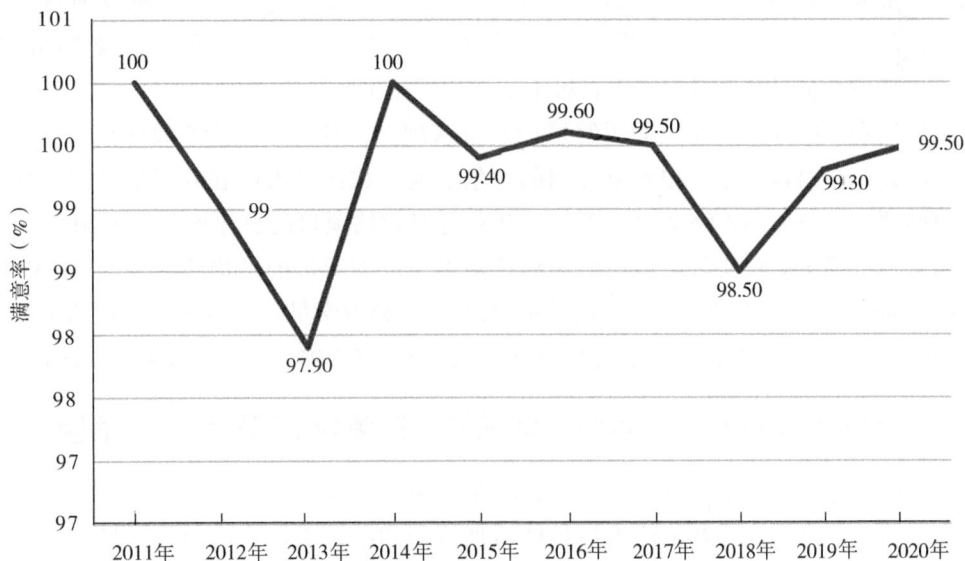

图4-1　2011—2020年国家林草局公务员在职培训满意率情况

71

不难看出，从专门的知识培训到知识和能力并重，对于在职培训的设计和策划日益成熟，基本做到在分析相关岗位所需知识和基本素质能力的基础上开发课程。在职培训既要注重课程内容也不能忽略课程结构，避免课程内容片面性的同时增加实用性，力求建立更加科学的、能够全面反映学员培训需求的课程模式。

二、国家林草局司局级领导干部任职培训项目

2012 年以前司局级任职类培训项目以委托中央党校或国家行政学院的形式，围绕时政热点举办研修班或专题研讨班，如贯彻十八大精神司局长理论研修班、传达学习贯彻党的十八届四中全会精神暨司局长理论研修班等；同时鼓励司局长通过个人申请参加由中组部会同中央直属机关工委和中央国家机关工委组织的自主选学课程学习。学院承办的司局级领导干部任职培训，培训对象为局机关和直属单位中未参加过任职培训的司局级领导干部（具体名额由局人事司分配），结合各司局单位干部培训实际情况进行选派。培训目的为协助新任司局级领导干部尽快适应新的工作角色需要，掌握领导方法和领导艺术，强化角色意识、铸造领导品格、履行领导职责。

从课程形式上看基本是专题讲授与参与式互动相结合，以增强理论武装、强化党性修养、铸造领导品格和拓展思维能力为授课目标，设置了诸如机关学风建设、国家安全与外交、领导方法艺术、演讲表达艺术、体质锻炼与健康等专题讲座；策划了情景模拟训练，全程摄像模拟媒体采访、一对一专访、演播室访谈、新闻发布会以及网络微访谈等情境互动类课程；以参与案例讨论的形式提高学员的创新思维与决策艺术，以情景模拟的方式训练领导干部的突发事件应对能力，提升合格履职和科学管理的领导能力；首次引入"结构化研讨"，就司局级领导干部任职过程遇到的重点难点问题进行讨论，打破学员以往研讨中的垂直思维，强调学员主体地位。

采用问卷评估方式，在全面了解培训质量基础上，对教学设置专项评估，搜集学员对不同课程在内容、方法和效果方面的评估意见。数据录入用五分制统计法分项赋值，前两项态度分值纳入满意率选项，以此获得对评估项目的总体评价。2020 年第十一期国家林草局司局长任职培训班的司局长培训中培训课程的平均满意率为 94.37%，其中内容 94.26%，方法 95.27%，效果 93.58%；被调查学员对各门教学课程的平均满意率为 96.81%，具体看，内容设置 96.6%，教学方法 97.96%，教学效果 95.86%。

三、国家林草局机关及直属事业单位处级领导干部任职培训项目

处级领导干部任职培训班是学院开办较早的主体班次之一，其主办单位为国家林草局人事司，学院作为承办单位承担具体培训策划和组织工作。培训目标是进一步提高局机关及直属单位处级领导干部的综合素质和工作能力，促使处级干部在推进生态文明建设和现代林草建设中发挥更大作用。培训对象为国家林草局各司局处级领导干部以及直属事业单位的中层业务骨干。培训周期为每年 1 期，新任处级领导较多时分

为两期，上半年以现任但尚未曾参加过任职培训的领导干部为主，下半年针对刚上任的处级干部进行培训。

为了提高局机关及直属单位处级领导干部的综合素质和工作能力，在林草建设中发挥更大作用，基本每年举办一期处级干部任职培训班；培训对象是局机关及直属单位近 3 年来新任处级领导干部；课程设置为领导科学理论、中层领导干部任职能力培养、林草知识学习、人文素质修养等范畴。处级领导干部任职培训班从 2003 年举办第一期处长任职班开始，截至 2021 年年底共举办 22 期，共培训林草行业处级领导干部 843 人。

设计思路主要针对处级干部承上启下的职位特点，以提升中层领导干部任职能力为目标进行课程策划，同时根据行业要求加强林草业务管理相关知识培训。增强处级领导干部任职能力，力求进一步提高政治能力、制定和执行决策能力、组织和协调能力、语言表达能力、学习能力、业务能力以及角色认知等；在扩展处级领导干部知识层面上侧重执政热点类、公共管理类、领导科学类、人文素质类和林业专业类相关知识的讲授。此外，任职培训融合了现场教学、拓展训练、交流研讨、辩论竞赛和演讲比赛等多种教学方法，力求最大限度开发培训学员的学习潜能，拓展必备知识，提高处级领导干部的任职能力。

2008 年以前，同公务员岗位培训一样，培训班评价以搜集学员书面和口头建议为主，为使评估环节更加科学化，为客观评价培训班提供依据，自 2009 年开始学院对处级领导干部任职培训班评估采用问卷调查和访谈相结合的评估方式。客观了解每期培训班的培训效果的同时，针对培训课程和内容设置进行专项调查，根据近 10 年的调查数据统计分析结果，对于各项课程设置总的教学满意率如图 4-2。

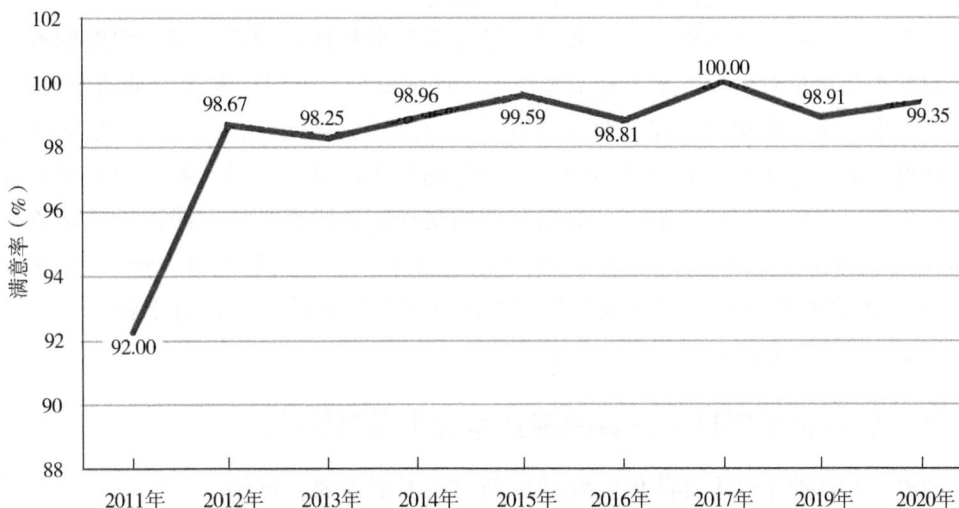

图 4-2　2011—2020 年国家林草局处级领导干部任职培训满意率情况

学院对处级领导干部任职培训的设计和策划已经步入较为成熟的阶段，不但对相关岗位所必需知识和基本素质能力进行分析，还力求以多种授课方式调动学员学习积极性，促使培训取得良好效果。但是，针对多元化的培训要求，充分了解培训需求的基础上设计课程，形成以能力开发为主线、兼顾知识与能力的具有指导意义的培训模式仍有待完善。

四、国家林草局机关及直属事业单位新录用人员初任培训项目

新录用人员初任培训是学院 2009 年开始承办的培训项目，时间为每年的 8 月末 9 月初，2015 年以前为 5 天培训，后来根据学员提出的加大培训强度需要，增加为 12 天，培训周期为每年一期，一般安排在国家公务员局统一组织的中央国家机关新入职公务员初任培训之后。这个时间恰为国家机关和事业单位新录用人员报到、即将步入新岗位的时间，入职培训有助于新录用人员尽快转变角色，了解林草行业特点，掌握工作所需基本知识与技能，胜任本职工作需要。

初任培训班邀请相关政府部门、专业研究机构的领导及专家学者为学员进行培训，内容涵盖生态文明建设、世界林业热点、公务礼仪、学习能力的提升与优化、机关公文写作与处理、谈话与交流以及职业生涯规划等多个主题。力求通过培训提升学员的学习能力、文字处理能力、沟通交流能力，同时扩展学员的行业知识面，促进学员在有限的培训时间掌握工作岗位必备知识能力。为增加学员的团队意识，帮助学员在较短时间内相互了解，组织学员进行拓展训练（后改为破冰活动）；针对培训学员掌握基本工作技巧、了解林草行业目标需要，邀请相关政府部门、专业研究机构的领导及专家学者为学员进行培训。小组研讨，要求每位学员结合自身实际情况，围绕"如何顺利转变角色，尽快胜任岗位工作"进行研讨交流。

为客观了解初任培训班的培训效果，学院对每期初任培训进行问卷跟踪调查，其中既包含委托单位对培训方案策划实施情况的评估意见，也包括参训学员的分数评估，力求多角度、全方位实施监控。调查设置了一定的开放式问题，一方面搜集学员对培训的评价，另一方面作为下一期初任培训的意向参考。总的来说，新录用人员对各项教学课程均呈现较高的满意水平，最新一期的初任班，调查学员对课程设置满意率均达 100%，半数以上授课师资得到了 100% 的满意率，总体教学内容 100%，授课方法 99.68%，教学效果 100%。为了响应国家对培养年轻干部的号召，对于新录用人员初任培训的设计和策划仍在不断完善和探索中。

五、国家林草局机关及直属事业年轻干部培训项目

为进一步帮助年轻干部队伍能够适应新时代发展需要，贯彻落实中央有关干部教育培训和年轻干部培养的要求，围绕高质量教育培训干部、高水平服务林草事业发展、大力发现培养优秀年轻干部，国家林草局从 2019 年起，每年举办一期年轻干部培训

班。以 2019 年为例，培训对象为局机关及直属单位 45 岁以下处级干部和 35 岁以下科级干部，培训时间为 1 个月。为了保证该培训项目的质量，结合中央有关干部教育培训以及年轻干部培养选拔要求和面向学员的需求问卷调研，按照主办单位的要求，根据年轻干部学员的特点精心设计了"党性理论教育为主线，兼顾能力提升和知识更新"的教学布局，采用模块化教学模式，突出组织需要和教学内容的内在联系，增强岗位需求和能力要求的相关性，最大限度确保培训教学的针对性和实用性。而且按照新时代对年轻干部的培养要求，严格遵循模块比例策划教学主题、安排课程内容，整个培训共计 126 学时，其中理论教育和党性教育约占培训课程 46%，专业化能力培训约占 34%，综合知识培训约占 20%。年轻干部思维活跃、学习的自主性和能动性、参与意识强，在结合培训目标的前提下采用多样化教学方法，鼓励年轻学员多发挥自主学习意识，积极参与教学活动，在互动学习中确保良好的学习效果；针对中长期培训班时间长，成人学习具有周期性，注意力集中时间有时限等学习特点，在四个模块的学习中穿插采用了现场教学、座谈交流、影音教学、结构化研讨、辩论式学习、世界咖啡等教学方法，学习成效显著，培训满意率达到 99.34%。

六、国家林草局地方党政领导干部林草专题研究项目

地方党政领导干部研究项目主要为解决多头调训、重复培训等问题，中组部统筹规划，委托中央和国家机关有关部委举办的面向地方党政领导干部，内容涉及农业、林业、水利、环保、财经等多个领域的研究班。研究班以党和国家大政方针为主旋律，搭建推动行业和部门发展改革的重要平台，也成为地方经济社会发展的一个有力引擎。国家林草局多年来承办中组部委托的地方党政领导干部林业专题研究班（简称县长班），面向县级政府分管林业的副县长，紧紧围绕林业重点工作，设置专题，切实推动地方林业工作的发展。林业发展迅速，重点热点逐年变化，根据需求调查，确定每年主题，开展培训。培训目标为：通过对林业专题的学习和研讨，使地方领导干部能够把握林业形势、拓展思维，掌握相关知识，交流专题工作经验、研讨工作中的重点、难点问题及对策，提高政策水平和业务能力；培训对象为全国各县级党委政府主管林业工作的副县长或副书记，培训时间为 10 天左右。具体情况见表4-1。

表4-1　国家林业局地方党政领导干部林业专题研究项目

年份	主题	培训天数	备注
2010	沿海地区林业建设	10	林业建设内容宽泛，相当于一个林业建设综合班
2011	集体林权制度改革	10	内容专题内容集中，经验交流内容比较多
2012	林业产业发展	10	林业产业内容广泛，也相当于一个产业综合班
2013	服务生态文明，加快生态民生林业发展	10	生态民生林业几乎涵盖了林业建设全部内容，只能着重生态建设层面

（续）

年份	主题	培训天数	备注
2014	湿地保护	10	专题领域较窄，内容集中，课程内容具体、效果好
2015	国有林场改革	9	专题领域较窄，内容集中，课程内容具体、效果好
2016	森林防火	10	专题领域较窄，内容集中，课程内容具体、效果好
2017	森林城市	10	专题领域较窄，内容集中，课程内容具体、效果好
2018	林业生态建设与精准扶贫	7	专题领域较窄，内容集中，课程内容具体、效果好

2013年以前，县长班范围较宽，内容比较广，专题特征不够明显。从2013年以后，县长班在选题上，紧跟国家大形势，紧密配合国家林业局的重点工作，突出专题特征，内容比较紧凑，课程模块基本趋于稳定，主要涵盖宏观形势、政策法规、林业专题、应急处置、问题研讨等。以2014年地方党政领导干部湿地保护专题研究班为例，培训对象为：相关省（自治区、直辖市）的县级分管林业工作的党政领导干部。培训目的：进一步深刻领会党的十八大、十八届三中全会精神，深入学习习近平总书记系列讲话精神和全国林业厅局长会议精神，了解林业相关政策及湿地保护法规，学习湿地相关理论和知识，交流湿地保护管理经验、研讨湿地保护工作中的重点、难点问题及对策，提升湿地保护管理水平，促进湿地保护的可持续发展。按照地方党政领导干部林业专题研究班课程模式，形势理论模块设计了林业形势与任务、林业建设与生态文明两门课程，政策法规模块设计了我国生态环境保护财政支持政策和湿地相关政策法规解读两门课程，湿地专题模块设计了湿地、湿地公约及全球湿地现状，中国湿地保护与管理和湿地保护与栖息地恢复案例分析三门课程，危机应对模块设计了如何面对媒体与公众——突发事件处置与舆论引导一门课程。除这些课程以外研究班还设计了破冰活动、学员湿地论坛、与相关司级领导的座谈交流、河北衡水湖国家级自然保护区湿地恢复与保护的现场教学、我国湿地生态系统保护与管理过程中的重点难点结构化研讨及全班研讨成果汇报交流，突出了地方党政领导干部林业专题研究班问题研究特征。该班实施后，根据中组部评估方案进行评估，得分较高，在中组部主办的这类培训班中名列前茅。县长班经过多年的探索，已经基本形成了一个较为固定的课程模块，具体内容根据专题内容着重考虑组织需求与学员工作实际进行设计。2019年因地方机构改革未完成，此类班暂停举办。

七、国家林草局县（市）林业（林草）局局长培训项目

相对于地方党政领导干部班，国家林草局县（市）林业（林草）局局长培训班（以下简称局长班培训项目）经历了不断探索变化的过程。该班培训目标为通过学习林业政策、林业经营与管理知识，进一步提高地县林业干部现代林业建设与管理方面的认识能力、政策水平与业务能力，推动我国林业改革发展。培训对象为全国各省（直辖市、自

治区）地、县级林业（林草）局局长或副局长。课程设置涵盖政策法规、重点热点、林业知识、应急处置等，具体课程可根据区域特点和培训专题内容作针对性地选择和调整。

表 4-2　2010—2020 年国家林草局县（市）林业（林草）局局长培训项目

年份	培训班名称	培训时间（天）	培训班性质	备注
2010（2期）	北方地市林业部门领导干部专题研修班	6	森林经营专题	围绕专题，稍有扩展
	南方地市林业部门领导干部专题研修班	6	森林经营专题	围绕专题，稍有扩展
2011	县级林业局局长培训班	13	业务综合培训	林业专题涵盖林业知识、林业重点热点、林业精神等内容
2012	县级林业局局长培训班	12	能力素质业务综合培训	林业专题涵盖林业知识、重点热点等
2013	县级林业局局长培训班	12	业务综合培训	第一次引入问题研讨模块，涵盖论坛、结构化研讨、座谈交流等
2014（2期）	地县林业局局长国有林场改革培训班	10	国有林场改革专题	问题研讨模式涵盖经验介绍、论坛、座谈交流、结构化研讨等
2015	地县林业局局长国有林场改革培训班	10	国有林场改革专题	改革专题通过经验介绍、现场教学进行学习
2016	地县林业局局长国有林场改革培训班	10	国有林场改革专题	改革专题通过经验介绍、现场教学进行学习
2017	地县林业局局长培训班	10	业务综合培训	林业专题涵盖林业知识、重点热点、现场教学
2018	地县林业局局长湿地保护及湿地公园建设专题培训班	10	湿地保护及湿地公园建设专题	针对专题领域掌握形势任务，学习专题知识和政策法规，通过案例分析、现场教学，借鉴经验，着重研讨问题、推进工作，同时，通过情景模拟等互动课程，提升危机处置能力
	地县林业局局长野生动植物保护专题培训班	10	野生动植物保护专题	
2019	县（市）林草局局长草原保护专题培训班	10	草原保护专题	
	县（市）林草局局长保护地体系建设专题培训班	10	保护地体系建设	
2020	县（市）林草局局长保护地体系建设专题培训班	10	保护地体系建设专题	
	县（市）林草局局长森林草原防火专题培训班	10	森林草原防火专题	

近些年的国家林草局局长项目每年举办的班次并非固定的,有的一年 2 期(如 2010 年、2014 年、2018 年、2019 年和 2020 年),有的一年 1 期;培训班名称也有变化,由最初的专题研修班,变成了培训班,或专题培训班,或专题研讨班;培训时间经历了短(6 天)—长(13 天)—中(10 天)的变化过程,近年来基本稳定在 10 天;培训班性质有的是专题培训、有的是业务综合培训、有的是领导素质能力和业务综合培训,是要稳定培训班性质还是根据实际情况进行改变,目前还在探索;由于培训班性质不同,课程模块自然不同,其中共同的是都有形势理论和政策法规模块,符合了解形势、扩展理论、熟悉政策法规的基本培训目标,通过林草专题课程进一步掌握林草相关知识和技能,提升管理和业务能力。总体而言,局长班评估教学满意率绝大部分都在 95% 以上,个别年份较低,各年教学满意率具体如图 4-3。

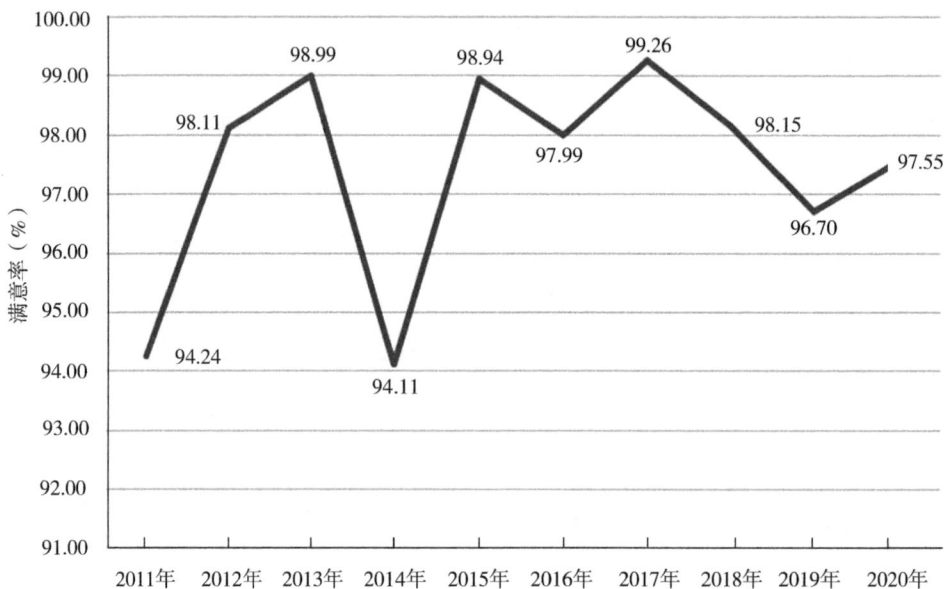

图 4-3 2011—2020 年国家林草局县(市)林草局局长培训项目满意率

自 2012 年以来,局长班教学综合满意率基本稳定在 97% 以上,但 2014 年低于 95%,主要原因是:①培训班是专题培训班,但参加培训的学员部分为林业局正局长,他们认为专题培训班应该让分管的副职来比较合适;②对培训时间安排满意度较低,部分人认为应该安排更长时间;③对课程和课程内容而言,希望更加贴近实际需要。

在局长班实施的过程中发现,类似结构化研讨等深度问题研讨时,局长班遇到一定困难,因为不少学员系非林背景出身,部分学员属于刚刚调任林草局局长岗位,缺乏相应的行业知识背景和工作经验,尤其是培训过程中对于深度问题的研讨没有达到预期效果。综上所述,对于局长班如何设计,主要依据培训班类型(是综合培训还是专题研讨)、参训人员的专业背景(是非林专业背景还是林草专业出身)。从培训的精准性来看，培训班类型设置要与参训学员背景状况结合起来，进一步提高培训项目课程内容的针对性和实效性。

八、林草领导干部综合素质能力提升培训项目

这类培训项目通常是针对地方林草干部开展，培训目标是通过培训学习，提高省地林草领导干部政策水平、创新意识、领导能力和业务工作能力，为省地林草建设与经济发展服务。培训对象主要以省地处级林草领导干部为主。课程设置通常涵盖形势理论、政策法规、领导科学和领导能力、林草专题、科技前沿和人文素质等内容。培训班课程设计根据区域特点以及培训对象和派送单位的具体要求有针对性地进行调整。如2018年新疆林业领导干部培训班，培训时间为15天，课程设计包括形势理论模块有生态文明建设与美丽中国——习近平总书记系列讲话及十九大精神学习、我国国家安全局势及热点问题解析两门课程，领导能力模块有管理沟通与关系协调、突发事件的媒体沟通两门课，政策法规模块有林业生态扶贫政策、林业执法案例分析（以祁连山、卡拉麦里自然保护区生态保护为例）两门课程，林业专题模块包含林业知识和重点热点两个部分，有我国自然保护地体系的建立、精准林业、林业推动乡村振兴战略、林业产业发展、森林城市、智慧林业等课程和特色小镇建设现场教学、森林可持续经营和塞罕坝精神学习现场教学。本次培训班有针对性地调整体现在人文素质模块没有课程，增加了党性主题教育和全面从严治党方面的课程。多年来，新疆林草干部教育培训班历年来评估分数保持在一个较高水平（图4-4），多模块综合素质能力课程得到林业干部的认可。

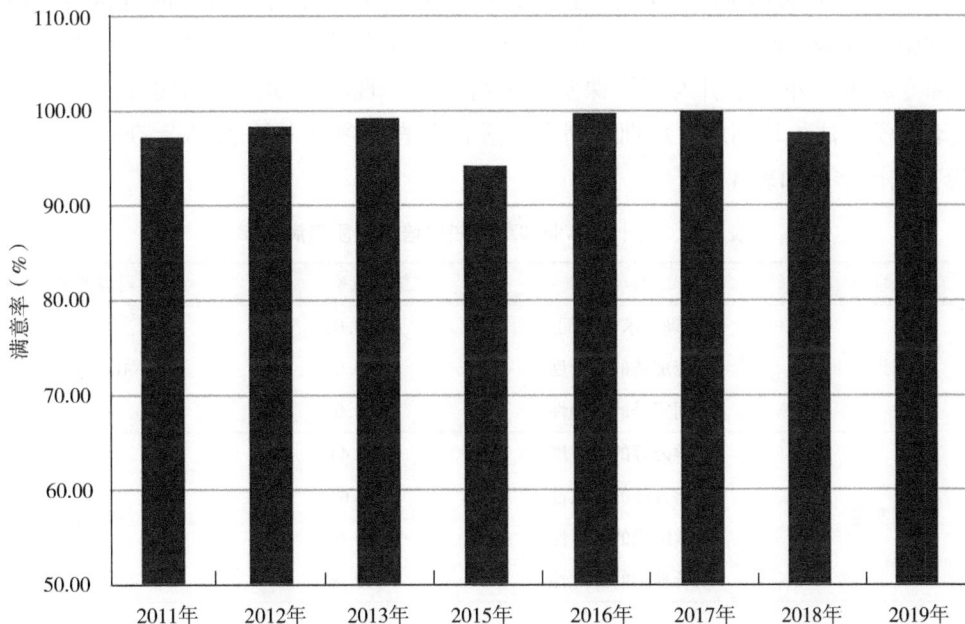

图4-4　2011—2019年新疆林草领导干部培训项目质量满意

九、国家林草局林草专业知识培训项目

2010 年通过调研了解到林业行业有不少非林专业背景干部，一是每年新任职毕业生中，非林人员占比较大；二是军转干部人数较多，有些地方林业局非林干部比例高达 60%以上；三是其他行业转入林业行业的如林业局局长有很多都来源于乡镇干部或由农业局等其他局转入而来；四是无专业背景人员成长转干。非林干部系统学习林草知识，了解林草主体工作内容，便于更好地学习理解林草政策法规、培养林草专业精神、有利于创新型开展业务工作。从 2011 年起，国家林草局人事司决定面向行业开始举办林业知识培训班，培训对象为国家林草局机关、派出机构、直属单位、各省（自治区、直辖市）林业厅（局）机关及直属单位非林专业背景干部。培训班为期 2 周，旨在通过短期培训，使学员快速并较为全面了解林业基本知识，提升学员林业专业化能力，助力本职工作。

以 2020 年林草知识班为例，培训对象没有按照非业务干部、业务干部和领导干部分开，因此，培训班以最为基本的课程为主，根据具体情况做稍微调整，同时满足组织需求，增加习近平生态文明思想教育、党性教育、重点热点内容。模块有：①理论与党性教育模块：学习习近平生态文明思想，进行党性教育。②基础知识模块：常见造林绿化树种识别，森林培育，森林资源管理，森林草原防火，林草有害生物防控，湿地保护与管理，荒漠化防治，生物多样性保护，草原保护管理，林草及国家公园政策法规，林草及国家公园政务信息化建设等。③扩展及热点模块：抗疫背景下的国际秩序和国家安全，建立以国家公园为主体的自然保护地体系，森林及森林康养体验，麋鹿保护与生态文化等。为了提高学员学习积极性，在教学方法上，除专题讲座外，还引入翻转课堂、小组讨论、现场教学、现场实训、体验教学等互动教学方法。培训后对培训班满意率进行调查，参培人员 73 人，获得有效问卷53 份，统计结果如表 4-3。

表 4-3 第十期林业和草原知识培训班质量满意率

一级项目	二级项目	二级满意率（%）	一级项目满意率（%）
培训设计	与培训需求的适配度	100.00	100.00
	师资配备的适合度	100.00	
	时间安排的合理性	100.00	
培训实施	教学内容的满意度	98.44	99.28
	教学方法的有效性	98.67	
	教学组织的有序性	100.00	
	现场教学的针对性	100.00	

（续）

一级项目	二级项目	二级满意率（%）	一级项目满意率（%）
培训管理	校风校纪	100.00	99.06
	学员管理与学习风气	100.00	
	就餐服务	100.00	
	住宿服务	96.23	
培训效果	对实际工作的帮助	100.00	100.00
	对能力素养的提高	100.00	
总体质量满意率			99.59

培训班总体满意率为99.59%，对每门课程的教学内容、教学方法和教学效果进行统计，得到平均满意率为98.52%。从这个评估结果可以看出，学员对培训班的课程设计的认可度是比较高的。虽然培训班学员满意率较高，但实际中仍然存在一些问题，尤其随着培训时间的缩短，培训课程变少，培训对象没有进行精确分类，总体课程设计还是比较粗放，对于一般林草行业领导干部和非业务工作人员而言，目前的课程比较合适，但通常学员中还有一部分业务干部，他们需要更加具体细致的林草知识课程。

十、针对林草干部教育培训需要设置的其他培训项目

在实际培训过程中，有些培训项目在长期的实践中逐渐形成特有课程和教学特色，因培训班目标对象不同，课程设置也存在较大的差异。因为林草行业工作在现实中比较复杂，涉及方方面面，相应的林草干部教育培训项目和类型也很多，加上不同时期林草工作的差异性，以及面对新的形势、产生的新问题，由此出现了很多专业技术培训班和业务培训项目（表4-4）。

表4-4　其他林业干部培训项目课程内容设置情况

序号	品牌培训班名称	培训目标	培训对象	课程内容
1	国有林场场长培训班	使学员了解当前林业宏观形势，把握国有林场改革与发展的重点难点，提高综合素质和创新能力，以适应国有林场改革发展需要	国有林场主管部门负责人，国有林场长及林场主管部门相关人员	政策法规、领导科学和领导能力、国有林场改革与发展、林业重点热点，针对性调整
2	林业教育培训师资能力培训班	使学员了解和把握宏观林业发展与生态文明建设情况，更新培训理念、了解培训方法、掌握培训技巧，提高自身业务素养和能力	林业院校负责人、骨干教师、培训机构教育培训工作负责人及管理者	培训项目开发、培训方法创新、教学活动设计与实施及针对性调整

（续）

序号	品牌培训班名称	培训目标	培训对象	课程内容
3	野生动植物保护与利用培训班	提高对野生动植物保护与利用工作的认识，加强野生动植物保护与利用队伍建设，促进搞好野生动植物的资源监测、重点保护、经营利用以及宣传等工作	野生动植物保护与利用相关工作中高级技术人员	政策法规、野保知识、经验交流、针对性调整
4	林草财务管理培训班	掌握最新林草政策法规，系统学习财务管理相关知识，提高风险防范意识，切实提升财务管理水平和从业人员履职能力	全国各省（自治区、直辖市）林业厅（局）、地级、县级林业局财务管理相关人员	形势政策、专业知识、企业发展、能力提升、针对性调整
5	林草信息化培训班	了解当前林草信息化发展趋势，掌握工作所需的电子政务、网络安全等方面的知识与技能，提升信息技术应用能力，增强业务指导与服务管理能力	全国林草系统处级以上领导干部于网络技术人员	宏观形势、岗位能力、信息化知识、应急处置、针对性调整
6	互联网+林业产业创新应用培训班	通过培训，提高学员互联网思维，使其能深入、规范、科学、有效地利用互联网、大数据技术和移动通信网络，探讨林业产业和信息化向融合协调发展机制，提升林业产业发展水平，助力林业产业发展	林业产业主管部门产业处负责人及业务骨干	形势政策、互联网与信息化技术应用、典型案例、针对性调整
7	发展中国家森林执法与施政公务员研修班	宣传中国政府在森林执法、打击木材非法采伐方面所做的努力和贡献，分享中国成功经验，为受训学员开阔视野、拓展思路，交流经验、增长见识搭建平台	发展中国家从事森林可持续经营、森林执法、合法林产品贸易的管理和研究的公务员	中国国情、全球概况、中国经验、重点热点
8	全国乡镇林业工作站在线学习培训班	通过在线学习的方式，提高学员知识水平和工作技能，确保林业站在落实林业各项工作任务中发挥应有作用	全国乡镇林业工作站岗位人员	政策法规、林木栽培、森林资源管理、森林保护、工作站管理、综合素质能力
9	全国林木种苗质检员网络培训班	加强质检员知识储备、提高操作技能、统一检验方法，全面提高学员的专业水平与素质能力	全国林木种苗质检技术人员	法律法规、基础专业知识、质检专题
10	木质林产品店长岗位培训班	提高学员素质和服务质量，规范营销行为，增加专业知识和经营管理新理念，全面提高专业素质和执业水平	各地地板、木门等木质林产品企业销售管理人员及相关从业者	专业知识、团队管理、营销策划

第五节　林草干部教育培训教学内容方面的
经验总结及问题分析

一、经验总结

（一）通过质量管理体系认证提升管理水平

近年来，国家林草局管理干部学院非常重视培训质量管理，不断完善"培训即服务"的管理理念，力求建立相对完善的质量管理体系。学院自 2011 年上半年开始引入 ISO9000 标准，探索建立学院培训服务质量管理体系。2012 年 10 月 19 日学院召开贯标启动部署大会，正式启动培训服务 ISO9000 质量管理体系贯标认证工作。在学院领导的大力支持下，通过贯标相关部门全体教职员工的共同努力，于 2014 年 12 月 16 日顺利通过了北京中大华远认证中心的认证审核，完成了学院贯标工作任务，获得了培训服务质量管理体系认证证书，认证工作取得初步成效，在同行业培训机构中率先建立 ISO 质量管理体系，并建立了完善的内审评估制度，制定和颁布了一系列培训相关的程序文件和作业文件，进一步提高了行业培训管理水平，培训管理流程得到有效规范，并结合认证要求在林草教育培训过程中不断强化预防和纠正职能，林草干部教育培训管理水平得到了有效提升。

（二）林草干部教育培训运行机制日益完善

涵盖不同种类的林草干部教育培训项目体系，在时间、组织和方式等方面日益成熟，主办司局和承办机构分工明确。2017 年 8 月，国家林草局党组印发《国家林草局干部教育培训工作实施细则》，林草干部教育培训项目的培训运行机制更加成熟。

以公务员培训为例，2017 年初由国家林草局人事司根据各司局单位组织和岗位要求，做好前一年培训工作总结（包含直属机关干部参加学习培训情况汇总、年度业务培训班计划执行情况）；同时在收集参考系统直属机关单位培训意向情况的基础上，制定本年度干部培训班计划，组织申报并设定计划。学院作为局人事司主体培训项目的主要承办单位，依据其制定的培训计划协调资源组织相关策划工作。公务员培训项目一般由学院培训教学部专职培训设计人员负责制定计划、策划内容以及聘请师资，力求确保重要培训项目的针对性和实效性。在培训的时间周期上，公务员在职/岗位培训每年一到两期，分为春季班和秋季班，春季班在 3 月举办，秋季班安排在 10 月中下旬；新录用人员初任培训，每年一期，时间均为历年 8 月底 9 月初，恰巧在各司局单位接收新的毕业生或者军转干部，有助于新录用人员在开展新的业务工作之前接受必要的任职培训，历年的培训内容都会结合中组部和国家公务员局开展的中央国家机关新录用公务员培训课程安排进行借鉴和补充，确保新入职人员参加统一的培训后再参加林草公务员培训内容不会重叠，且更突出林草行业特色，确保新录用人员在有限的时间内既接受一般性工作能力培训又获得必要的专业知识和技能培训。

（三）探索建立了以需求为导向的调研机制

基于国家林草局管理干部学院主体培训项目本身的重要性和特殊性，以此为研究对象，初步建立了以需求为导向的行业干部教育培训内容更新机制。合理有效的培训需求是达到培训目标的切入点，对培训需求的调研和分析则是达到培训目标的前提。为了进一步完善培训内容体系，加强行业干部教育培训的针对性和实效性，国家林草局管理干部学院针对主体培训项目建立以需求为导向的行业干部教育培训内容更新机制。在明确培训需求调研机制的目标原则、构建思想、操作过程以及内容方法的基础上，在培训内容全方位、调研过程流程化以及调研方法动态化三个方面获得成效。从2009年开始，每年3月在公务员项目设计策划之前，由学院培训教学部牵头设计、局人事司协助开展面向潜在学员（即国家林草局公务员及直属事业单位业务骨干）发放需求调研活动，搜集学员对公务员培训项目的意见和建议需求，并以此作为当年开展公务员培训的参考依据；同时为了确保样本搜集的有效性和科学性，不断扩大调查对象的覆盖面，并以匿名形式确保受调查对象意见表达充分且没有顾虑。为了确保调研的参考价值，先后对公务员培训的调研进行改良，以补充专家问卷咨询等方法进行完善，初步建立了以需求为导向的培训内容调研和更新机制。

（四）依据培训目标和学员特点设置课程

根据行业干部教育培训的相关规定，学院对于领导干部培训项目的设计与策划基本上形成了以培训目标和学员需要出发，以能力本位、学用结合为原则设计课程内容，搭建更新知识和能力建设模块，结合授课目标需要选择不同的培训方式，促进培训成果在工作岗位上的最终转化。在不同培训目标的指导下，针对不同类型和层次的受训者，知识传授和能力培养的课程内容也不尽相同。例如，公务员在职培训的培训目标是为进一步提高直属机关干部队伍的综合素质和工作能力，为推进可持续发展、服务生态文明建设提供人才保障，所以在培训内容的选择上更加注重岗位能力的提升，一般性知识的更新需要；处级领导干部属于中层领导干部，具有双重角色的工作需要，对上贯彻上级领导的行政指令、对下需要一定的执行技巧，团队建设、执行能力赋予这类领导角色更加丰富的人格魅力和能力要求，所以在设计这类培训课程一般是以提高领导水平，增强政治素质，掌握领导艺术方法，提升领导能力，更好地适应处级领导角色的需要为培训目标。新录用的初任公务员以普及必要基础知识和能力为本位，适当加入林草特色基本知识，力求让学员在有限的时间内快速了解和掌握行业工作的特点和要求，帮助其完成从学生到"从业者"的身份转变。

（五）建立了相对完善的培训评估体系

国家林草局管理干部学院非常重视培训评估工作，由培训管理和培训教学部门共同构建了建立委托培训项目和部分自主策划培训项目的评估测评体系。培训教学部是学院专门负责林草公务员培训项目策划和研究的部门，曾与中国林草教育学会联合，完成重点研究项目"林草干部教育培训项目质量评估体系研究"，通过德尔菲专家咨询法、针对四类林草培训项目分别建立两级评估指标，引用统筹学中的层次分析法为指标赋予权重，并以模糊综合评价法进行适用性分析。为了更好地检验课题研究成果的可行性和适用性，做到理论研究和实践工作相结合，在 2011 年度国家林草局公务员岗位培训班测评中使用新评价方法，更加科学地提出了改进公务员岗位培训项目的建议。提出的量化评估方法得到国家林草局、北京林业大学、中国林业教育学会专家领导的一致认可，研究报告被收录于中国林业教育学会 2011 年优秀科研成果汇报选编。此外，结合 ISO9001 质量认证体系的需要，学院进一步改良了培训评估机制，剥离了评估者和设计者合二为一的职能缺陷，改由培训管理处以管理者的第三方身份负责培训评估事宜，更加客观公正，提高培训管理水平的同时进一步完善已有的培训评估机制，有效确保作为培训监督机制的评估环节对于提升培训设计策划水平的针对性。

二、问题分析

经过不断的努力，学院在林草干部教育培训项目的管理和运作方面取得了一定成绩，构建了林草干部教育培训运行机制。但是，进一步发挥林草干部教育培训在现代林草建设和生态文明建设中的更大作用，还应关注以下问题。

（一）培训需求调研的导向性仍需加强

从调研对象看，目前已开展的培训需求调研活动依托委托机构或者培训机构本身开展，受人力、物力因素制约，样本数量浮动较大，分布也不够科学，大多未能覆盖整个林草系统，这一定程度影响了需求调研的有效性；从调研内容看，对于调查的标准含义广泛，调查对象对标准的理解也存在偏差；从调研方式方法看，主要依赖问卷调查，间接意见搜集的方式有时难以百分之百反映领导干部的真实需求，一定程度影响了需求调研的参考价值；从调研导向结果看，由于不同领导干部所在的岗位和组织要求存在差异，调研对象对于培训的期望有所不同，而培训以大众性需求为参考进行策划，很难体现个性化培训需要。因此，需求调研还需强化，提高培训的针对性和实效性。无论从培训班的计划还是培训班课程及内容的设置，需求调研还需要加强，把行业急需培训的全面纳入培训计划中，设计的培训课程和讲解的内容能够让领导干部学员学到想学的知识，提升相应的素质能力。

（二）自有师资的不足限制了培训课程内容的更新

目前学院主要师资源于外聘，培训课程方面尤其是公共类培训课程自主性不足，对课程内容缺少主动权和约束力，相关培训课程的开发受到限制。缺乏林草特色的公务员培训课程，没有针对性地开发林草行业案例课程，在接受一般性领导干部课程学习基础上，如果能够细化林草特色的干部培训课程，既有效弥补培训针对性不足的问题，又有助于切实提升参训学员工作实践能力。此外，培训课程在内容和教学形式方面有待改进，有的课程内容未能准确定位和解答学员的培训需求，传统讲授式的教学模式易使学员产生疲惫，能力训练的内容偏少，如果组织自有师资针对这些问题统一进行开发，能在一定程度上确保培训质量。

（三）培训相关的激励工作有待进一步完善

培训激励约束机制是加强培训质量管理、确保培训效果的有效措施。目前林草干部教育培训的激励机制并不完善：从委托单位的角度看，尚未建立完善的学习跟踪调查机制，目前虽启用了学习档案系统，但仅限于记录学习情况，即使未按规定参加学习培训，也没有惩罚措施，监督易流于形式；从培训学员单位看，作为学员脱岗培训的间接受益者，应第一时间了解学员学习情况，不仅是一种监督，更有助于鼓励学员认真学习，而部分单位不仅没有及时了解职工的培训过程，也未对培训后表现进行考察，习惯性派工作不忙的领导参训以最大限度地保证工作不受影响，容易发生同一学员短期内重复参训的情况，导致部分学员产生"学与不学一个样，反正领导也不知道"的参训心态，既不利于学员自身的发展，也不利于组织团队和谐，更偏离培训的初衷。

（四）缺乏有效措施促进培训成果转化

总体来说，培训评估基本停留在反应层，最主要的是学员课后反应，即学员评估。这种评估能够反映学员对课程的认可程度，但针对课程有多大的实用性、对学员在行为层面的改变有多大影响的评估，仅偶然有通过走访进行的，且不够充分。科学地评估反馈，是培训课程设计的要求。林草干部教育培训的效果考核不够深入，评估周期短，仅在培训结束最后一天收集学员对培训内容、教学方法和教学效果的评价：一方面，培训刚结束，学员需要时间对知识技能进行消化，需要在工作中遇到机会对学习内容进行检验；另一方面学员接受培训回到工作岗位，领导和组织也需要时间进行评估。目前对学员所学知识技能缺乏科学有效的方法进行即时检测，对受训后的学员表现缺乏跟踪管理，即使出现"培训与不培训一个样，培训成绩好坏一个样"的现象也没有问责机制，培训管理者应进一步开发针对性强、切实可行的监督措施，促进培训成果转化为参训学员的工作动力，确保培训的实效性。

（五）培训项目以及培训课程的规范性有待进一步提升

在培训计划和课程内容确认的过程中，对培训班类型如研究班、研讨班、培训班、研修班等概念模糊，特点了解不清，计划随意性较大，在课程设计中没有强化不同类型培训班的特点；有针对性设计课程。部分培训班有一定规范的课程模式，对每年的课程设计起到指导作用，但一些模式还有待完善，还有更多的培训班课程设计随意性较大，培训班类型性质概念不清，培训目标、模块、课程、内容等的设计思路不够清晰，需要进行规范。

第六节　林草干部教育培训教学内容模式的构建和优化建议

一、模式构建

课程模式是"来自某种课程原型并以其课程观为主要指导思想，为课程方案设计者开发并编制课程文件提供思路和操作方法的标准样式"。对于林草干部教育培训而言，任何具体的课程方案都不应是静止不变的，其稳定只是相对稳定。本节以国家林草局管理干部学院干部教育培训项目的课程为原型，探讨解决培训课程方案设计以及评估的衍生物，对林草干部教育培训课程模式的构建，包含课程观、课程结构以及课程内容，在借鉴国内外干部教育培训经验、总结林草干部教育培训经验的基础上进行构建。

（一）林草干部教育培训项目的课程观

对于成人培训来说，在职培训不仅局限于知识的传播这种理论层面，更应根据培训目标结合不同知识能力要求进行策划，有针对性地提高学员的综合素质和工作能力。更重要的是，希望参加培训的林草领导干部通过培训，意识到自身知识和能力提升的必要性，从而激发出主动寻求增强自身工作水平的学习积极性。以实现这种内在驱动力为目标构建相应的课程模式，发掘并继承传统课程模式的长处，以"博采众长，各取所需"为指导思想，强调系统教育和能力本位。因此，林草干部教育培训课程模式应以知识传授、能力培养为导向，力求适应多元化的需求。在这样的课程观理论指导下，本研究借鉴集群式（KH）课程模块化设计理念，一定要针对课程模式的需要，应对不同类别的培训项目，根据不同培训目标需要，采用不同的培训方式，由此构建林草领导干部的教育培训课程模式。

这种课程观理念主要体现在以下三个方面：首先，采用模块化的课程组合方式。成人培训课程是动态的教育现象，培训课程的设置随着培训类型和培训对象的不同而不同，以提高受训者素质为目标，以能力培训为本位，既强调相关职位通用知识与技能的传授，又强调特定职位的知识与技能培养；其次，在课程开发上取"能力中心"课程所长，在课程设置过程中将更新知识和能力建设组合成灵活的课程单元，根据培训目标的要求，在充分的学员培训需求调查分析的基础上决定课程内容和结构，避免在课程内容选择和组织上的主观随意性；最后，在教学形式上取"问题中心"课程之所长，教学模式突破传统讲授以施教方为主的局限，更加强调学员的学习主动性和积极性，鼓励学员参与到课程的实施过程中。它以学员的能力培养为导向，同时满足学员更新知识和能力建设的双重目标，进一步确保高质量的培训。具体体现在以下两个方面。

1. 根据目标和方式不同的培训分类（脱产培训）

干部脱产培训根据培训目标及采取的方法不同可以分为以下五个类型：①培训班：培训是指培养和训练，培训班是以兼顾组织需求、岗位需求和学员需求为出发点，突出重点，以提升学员的相关素质和能力为培训目标，对任职人员进行训练或教育活动。尽管学员已具备一定的相关背景知识和工作经验，但无论是培训目标、教学方法以及培训内容设计应力求突出一个"新"字，如新形势、新要求、新规定、新知识、新技能、新案例等。②研究班：研究就是进行钻研、探究，发现问题，寻求对策。研究班兼顾组织需求和岗位需求，不同于一般意义上的培训班，力求针对学员工作上的难点，提供一个研究学习平台，指导学员进行有针对性的学习，并在授课专家的辅导下，在采取多种方式的学习和交流基础上，汇聚问题、查找原因、研究对策。研究班的成果体现为在解决事务或问题的同时，获取知识提升能力。通常以专题研究班的形式出现，如地方党政领导干部湿地保护专题研究班。③研修班：研修就是学习、钻研、磨炼、修为。研修班综合了培训班和研究班的培训目标和特点，通过辅导、研习、修炼促使学员通过培训在道德、涵养、造诣、素质、能力等方面获得提升，如国家林草局党员干部研修班。④研讨班：研讨就是研究和讨论。研讨班是专门针对某一具体研讨主题设计相关知识辅导，并进行研究、讨论交流的培训形式。通过研讨班的培训促进学员理解相关知识，并通过头脑风暴等教学方法促进学员通过意见交流和问题研讨碰撞出新的火花，更好地解决问题，通常提出政策建议、发展战略、方法措施等作为培训成果，并可为相关政策制定提供参考依据。⑤进修班：兼顾组织需求和学员需求，一般指已工作的人从提高自己的政治或业务水平需要出发，针对实际工作中或自身发展中的痛点参加的培训形式。一般党校培训或教育机构常使用这种培训形式，时间较长，基于某种培训目标主题需要组织的培训，要求学员具有相同或相似专业背景和工作经验，旨在通过统一的进修学习获得专业素质或工作能力的进一步提高。脱产培训根据培训主要内容的宽窄和性质，可以分为以下三种类型：①专题班：围绕某一专门领域或专项业务内容设计培训环节和培训课程的脱产培训形式。专题班可以分为专题培训班、专题研讨班、专题研究班等。②专技班：从岗位需求出发，围绕某一专项技术内容设计培训环节和培训课程的脱产培训形式。③综合班：围绕多个内容设计培训环节和培训课程的脱产培训形式，如领导干部综合素质能力提升培训班。

2. 根据内容和对象的不同分类培训

为了更好地总结培训班模式，对今后培训设计工作提供参考和指导，根据《干部教育培训工作条例》、国家林草局培训计划和学院多年来承办的培训班总体情况进行分类，分类主要依据是培训内容和培训对象。主要类型见表4-5。

表4-5 林草干部教育培训项目

序号	培训类型	培训班
1	贯彻落实党和国家重大决策部署的集中轮训	（1）处级干部轮训班
		（2）司局长研讨班
2	党的基本理论和党性教育专题培训	处级以上干部理论研修班
3	公务员分级培训	（1）新录（聘）用人员初任培训班
		（2）公务员在职培训班
		（3）处级干部任职培训班
		（4）司局级干部任职培训班
4	综合素质能力培训	（1）林草领导干部综合培训班
		（2）年轻干部培训班
5	关键岗位培训	关键岗位领导干部在职培训班
6	林草知识培训	林草知识培训班
7	林草专题培训	（1）地方林草领导干部林草专题研究班
		（2）县（市）林草局局长专题研讨班
		（3）其他专题培训班
8	专项工作培训	（1）党建培训班
		（2）党（团、青、工、妇、纪）务工作培训班
		（3）专项行政工作培训班
		（4）专项业务工作培训班
9	专业技术培训	（1）森林培育技术培训班
		（2）工程技术培训班
		（3）保护利用技术培训班
		（4）监测监控技术培训班
		（5）林业产业技术培训班

（二）林草干部教育培训项目的课程结构

以集群式课程模式的理念为指导，"宽基础，活模块"是集群式课程的两大结构。"宽基础"部分的课程集合了林草领导干部相关职位所要求具备的知识与技能。"活模块"部分的课程则专门针对领导干部某一特定职位或班次所必备的知识和技能。"宽基础，活模块"的集群式课程是因材施教思想的具体体现，有利于充分发挥学员学习的积极性和主动性。这种课程模式打破传统的教育观念，把学员从现在意义的单纯的讲授式课堂解救出来，使学习充满个性的魄力。实施的关键是把学员放在培训课程开发的中心，从其实际需要出发，在充分了解学员培训需求基础上开发和策划出个性化课程方案。课程的因材施教的设计初衷是使培训策划者更加明确培训达到目标的过程和所需的条件，把它与模块式课程结合增加了课程设置的针对性和实用性，更加科学合理。

（1）"宽基础"是指所设计的课程并不针对某一内容，而是一个参训者群体，即林草领导干部必备的知识和技能，强调通用知识的传授和关键能力的培养。以公务员培训为例，公务员"宽基础"课程根据《公务员通用能力标准框架（试行）》和《公务员公共管理核心内容培训大纲》的相关规定而设定。首先，更新知识模块由一系列小模块所组成，可分为时政知识类、政策法规类、公共管理类、经济知识类、领导科学类等，不同的知识模块可根据参训学员的知识基础和实际学习情况进行调整，讲究知识的系统性、完整性；同时以知识系统为主线，渗透能力的培养，能力建设模块也分为政治鉴别能力、依法行政能力、公共服务能力、调查研究能力等公务员通用能力小模块。

（2）"活模块"是根据教学目标和要求，针对某一培训项目的性质和特点，某一领导干部群体所必备的知识和技能要求进行培训。以模块化形式安排课程是活动课程模式的特色之一，围绕能力培养的相关要求调整教学内容侧重点，强化实际工作能力的培养，着眼于强化从业能力。"活模块"课程结构，既有助于培训机构根据培训对象实际需求进行课程设计与策划，又有利于突出培训班特点和有针对性地选择培训目标。原因如下：课程内容能够及时更新，紧跟社会政治经济热点；设计成果开放共享，节省开发时间和费用；灵活性、机动性大，有效激发学员主动学习；帮助各种相关培训项目之间的沟通、衔接，避免重复学习。

针对林草行业领导干部队伍建设的要求，我们把内容课程模块划分为两大智能模块：第一大模块是更新知识模块，包含培训目标设计的各种理论知识，培训策划者可根据需要可以灵活组合，扩大学员的知识面，提高理论水平以培养学员基本能力和素质；第二大模块是能力建设智能模块，一般是针培训班类型（岗位培训、职务培训或者专业培训）、学员的具体需求设置的模块。两大智能模块的课程根据需要可以灵活组合变化，如可以根据学员的成员结构，专业知识水平不同程度进行课程设置。

二、林草干部教育培训的教学内容体系

根据本研究的界定，培训课程模式是以培训课程内容为原型的衍生物，主要解决培训课程内容的分析设计问题，培训课程模式不但为课程开发步骤提供可操作的思路，同时为培训课程方案设计者提供可以照着做的标准样式和开发方法。培训课程设置和开发是一个周而复始的过程，整个过程与培训外部教育资源有着千丝万缕的联系。对于林草干部教育培训而言，任何具体的课程方案都不应是静止不变的，其稳定只是相对稳定。本节依据林草干部教育培训模式构建原则，以近十年来国家林草局管理干部

学院干部教育培训项目的课程为原型，结合考虑培训班类型和课程观，以及研究者在林草行业多年的干部培训实践经验，构建林草干部教育培训课程内容模式，为相关的行业干部培训管理者提供参考。课程内容主要涵盖以下培训项目。

（一）贯彻落实党和国家重大决策部署的集中轮训项目

集中轮训的目的就是学习中央和国家重要会议或文件精神，贯彻落实中央和国家重大决策部署。这类培训项目不一定每年都会举办，中央和国家有重大会议或有重要文件需要贯彻落实时就组织集中轮训，重点满足组织需求。具体分为两种类型，一类是处级干部轮训项目，培训对象为局机关及外派、直属单位的处级干部，培训时间通常 2~5 天不等，由于参训人员较多，难以一期完成，一般在较短时间内分期完成，这类处级干部轮训项目的课程内容涵盖三个模块，分别为相关文件精神解读、重点工作讲解以及相关的主题学习交流；另一类为是司局长研讨项目，内容基本与处长轮训班一致，但司局长研讨班更提倡运用研讨方式进行学习，注重研究如何贯彻和落实相关文件精神或某项具体工作。司局长研讨项目课程内容涵盖相关文件的精神解读、一定程度的理论拓展以及围绕如何落实进行研讨。

（二）党的基本理论和党性教育专题培训项目

这类项目的参训对象主要是党员干部，培训目的是强化党员干部的理论学习水平，加强相关的党章党纪学习，主要以提升党员领导干部党性修养，增强"不忘初心，廉洁从政"意识。课程内容模式为"政治理论+党性教育+实践研究"。这类培训项目包括党员干部理论进修班（党校班）和处级以上干部理论培训班等。林草干部也可以通过调训的方式参加中央党校、中国浦东干部学院、延安干部学院、井冈山干部学院以及其他相关部委组织的这类培训班，一般时间从 1 个月到 3 个月不等，从内容看围绕党的基本理论和党性教育等内容为主。此外，林草行业处级以上干部理论培训班逐年举办，培训目标是提高领导干部政治理论水平、党性修养、廉洁从政意识等。但由于时间一般较短，重点涵盖政治理论、党性教育、廉政教育等内容，主要提升理论水平和理论指导实践的能力。

（三）围绕公务员队伍的分级分类培训项目

根据《公务员通用能力标准框架（试行）》和《公务员公共管理核心内容培训大纲》的相关要求，以能力本位、学用结合为设置原则选择课程内容，搭建更新知识和能力建设体系模块，同时采用不同的培训方式进行支撑，促进培训成果在工作岗位上的最终转化。在不同培训目标的指导下，针对不同类型和层次的受训者，知识传授和能力培养的课程内容也不尽相同。以培训项目的类型、课程观以及学员特点为依据，对于这些培训项目课程内容统一采用素质能力"3+X"模式（表4-6）。

表 4-6　林草公务员培训课程内容模式的依据

培训类型	课程观	学员特点
初任培训	基本知识和能力为本位，普及基本林草知识	学员年龄结构较单一，以中青年为主，在一定程度上缺乏行业实际工作经验，尤其是基本林草专业知识需求较大
在职培训	岗位在职能力为本位，林草热点知识和公共管理知识	学员年龄结构较为复杂，有刚步入工作岗位的大学毕业生，也有具备丰富林草专业知识和行业工作经验的领导干部，跨度较大，专业水平和知识层次不一致
任职培训	任职能力为本位，林草热点知识和领导科学知识	学员年龄结构单一，分为处级领导干部和司局级领导干部两个层次，要求培训对象具备一定的领导管理水平和林草专业知识，对于两种培训对象参训学员的要求层次较一致

1. 新录（聘）用人员初任培训项目

机关及直属单位新录（聘）用人员通常都来自学校，刚进入机关及其直属单位，处在其职业生涯的起始阶段，对行业状况、工作环境并不熟悉。培训的目的是使新录（聘）用人员对国家的有关政策方针、机关及企事业单位的工作特点、组织纪律和行为准则有所了解，明确自己的工作内容和职责范围，初步掌握从事工作所需的基本知识，

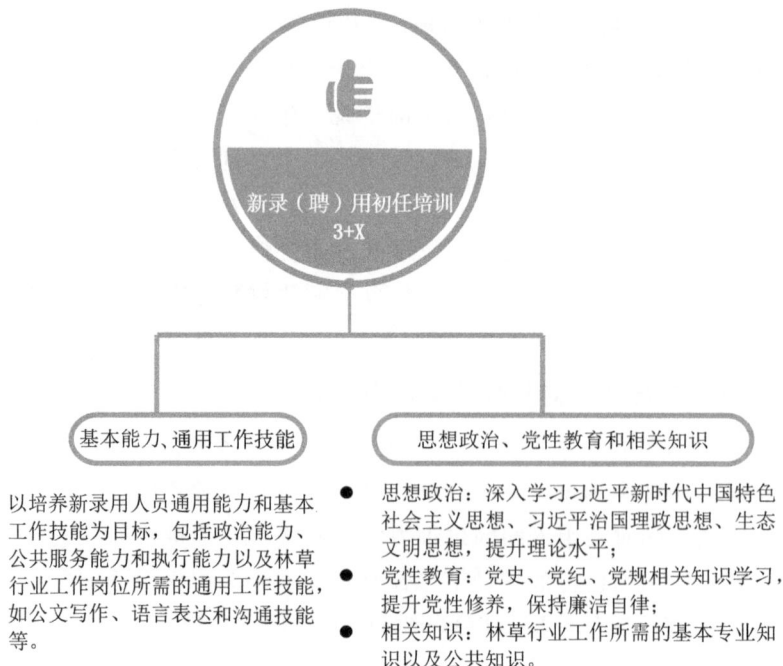

图 4-5　新录（聘）用人员初任培训课程模式

了解工作程序和工作方法，为快速进入工作状态做准备。本类培训班分两个阶段，第一阶段由中组部组织，参训人员为机关初任公务员，培训目标是使学员了解机关工作特点、程序和方法，了解公务员基本能力和要求，基本能力包括政治能力、公共服务能力和执行能力；第二阶段由行业培训机构自行组织，增加直属单位新录（聘）用人员，主要使学员通过培训能够结合行业特点，进行角色转换和定位，掌握通用工作技能，快速适应工作。新录（聘）用的初任培训课程内容模式可以归为：3（思想政治、党性教育、相关知识）+X（基本能力、通用工作技能），见图4-5。

2. 公务员在职培训项目

公务员是干部队伍的重要组成部分，公务员培训的课程模式以集群式课程模式的理念为指导进行构建。"宽基础，活模块"是集群式课程的两大结构。针对公务员培训课程的要求，把学员放在培训课程开发的中心，从其实际需要出发，在充分了解学员培训需求基础上开发和策划出适合各培训班特点的课程方案。该类陪新课程模式可以归纳为：3（思想政治+党性修养+知识更新）+X（在职能力），见图4-6。

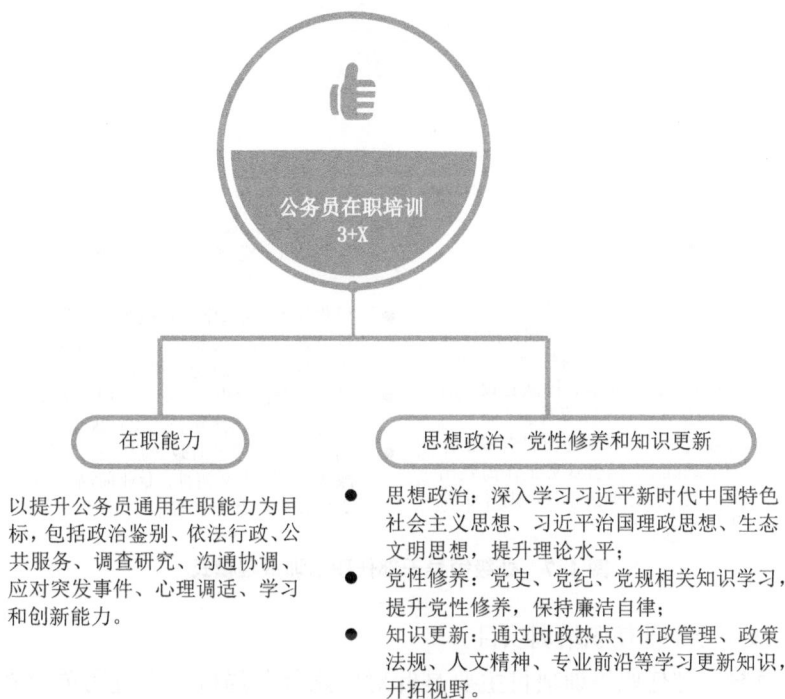

图4-6 公务员在职培训课程模式

3. 处级领导干部任职培训项目

处级领导干部是政府部门和单位的重要枢纽和人力资源重要组成部分，是高层领导干部的重要参谋。不管是对部门和单位的重要决策还是具体的工作来说，处级干部"承上启下"的作用都显得非常重要。作为处室负责人，处级干部是机关和企事业单位干部队伍的骨干力量，起着承上启下的重要作用。既要负责与上级和同级之间的沟通联系，同时还要组织建设一个团队，带领团队完成各项相关工作任务。行政领导干部胜任力主要由思想品德、关系管理、法律意识、知识特征、角色认知、绩效意识六个维度下的 15 个公共因子构成，分别是：公正廉洁、政治民主、组织协调能力、应变能力、守法自律、依法办事、环境认识、专业创新、实践表达能力、积极务实、服务导向、职务理解、部门利益意识、效益意识、成就动机。同时，林草行业处级干部还需要充分了解行业情况与特点，具备相关业务素质和专业能力，才能带领好团队完成具体工作任务。处级领导干部培训课程模式的"3+X"可以解读为：3（思想政治、党性修养、知识更新）+X（任职能力、专业能力），见图 4-7。

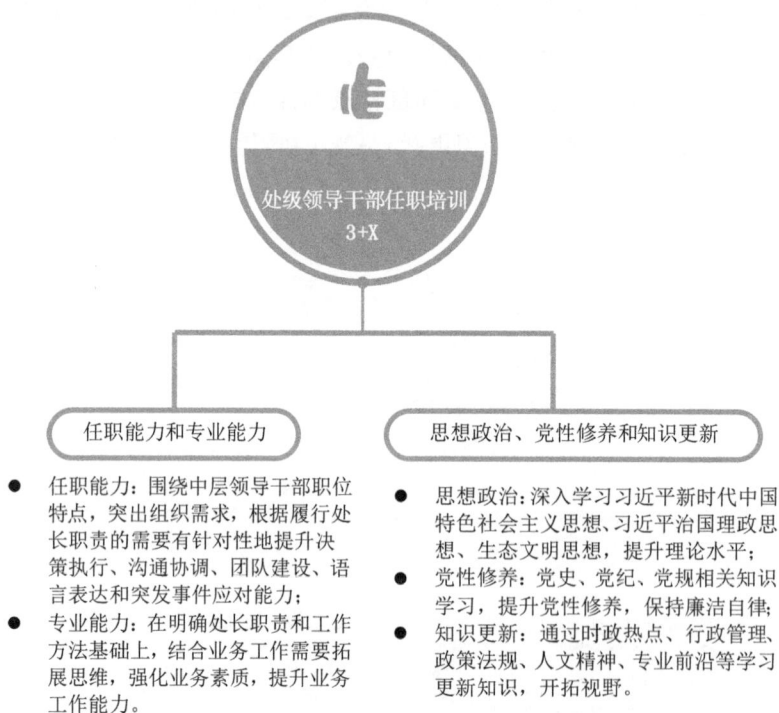

图 4-7　处级领导干部任职培训课程模式

4. 司局级领导干部任职培训项目

司局级领导干部任职培训项目主要是针对国家林草局机关和直属单位新任职司局级领导干部的任职需要开展培训，力求进一步提高新任职司局级领导干部的政治素质和专业素养，提升领导能力、铸造领导品格，认知角色、转变思维和工作方式，以便快速适应新任岗位职责需要。培训对象是局机关和直属单位 3 年内提拔且尚未参加过任职培训的司局级领导干部。司局级领导干部培训课程模式归纳为：3（思想政治、党性修养、相关知识）+X（任职能力），见图 4-8。

图 4-8　司局级领导干部任职培训课程模式

（四）综合素质能力培训项目

这类培训班对象是省地林草领导干部或青年后备干部，培训目的是使领导干部提高政治素质和党性修养，增强法制观念和道德观念，增长业务知识，提升领导管理能力，更好地履行领导岗位职责。如新疆林业领导干部培训班、中青年业务骨干培训班，等等。这类培训项目也可以归纳为"3+X 培训模式"，具体如下。

1. 林草领导干部综合培训班

这类培训班针对的是省林草局处级领导干部以及部分地方主抓林草的县（市）党政领导干部。培训班突出领导干部的特色，强化政治理论、形势热点、党性廉政、素质能力等内容的学习和训练；同时结合地方林业草原的特点和要求，设置较多的林业草原重点热点内容，让学员更多了解林业草原新形势、新任务、新要求，了解重点专题领域新政策、新理论、新实践；坚持理论联系实践，通过座谈交流和结构化研讨，探讨地方当前林业草原发展中的重点难点问题，并通过科学的研讨方式体验，强化解决问题的思维训练。林草领导干部综合培训课程可归结为：3（思想政治、党性修养、知识更新）+X（领导能力、专业能力），见图 4-9。

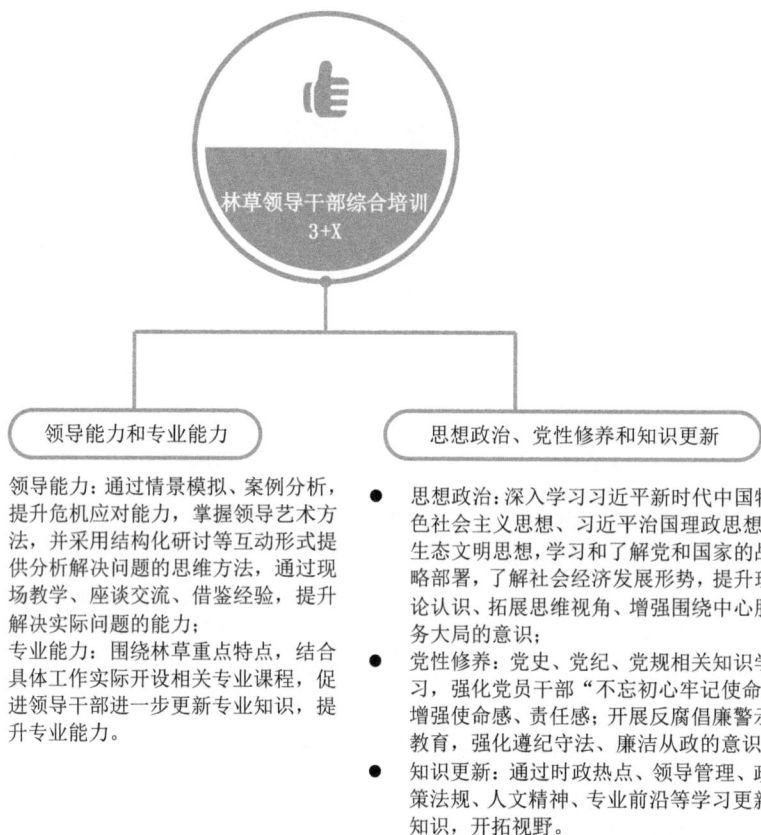

图 4-9　林草领导干部综合培训课程模式

2. 年轻干部培训项目

针对年轻干部的特点，通过"理论教育和党性修养为主线，兼顾能力提升和知识更新"的教学布局，培养和打造忠诚干净担当、特别能吃苦、特别能奉献的高素质专业化林草干部年轻队伍。课程模块设计为：①思想政治模块。以习近平新时代中国特色社会主义思想为中心，深入学习马克思列宁主义、毛泽东思想、邓小平理论、"三个代表"重要思想、科学发展观，学习掌握中国特色社会主义理论体系，学习掌握贯穿其中的马克思主义立场观点方法，自觉坚持和运用辩证唯物主义和历史唯物主义世界观、方法论分析解决问题，增强创新思维、辩证思维、法治思维、底线思维能力，力求拓展学员在经济建设、政治建设、文化建设、社会建设、生态文明建设等方面的理论视野。②党性教育模块。加强理想信念教育，教育引导党员干部坚定理想信念、带头做共产主义远大理想和中国特色社会主义共同理想的坚定信仰者、忠实实践者。引导林草干部树立绿色发展理念，培养爱林爱草情怀，锻造吃苦奉献精神，不断增强推动林草事业高质量发展的责任感、使命感和干事创业的激情。通过专题讲座、主题报告、现场教学和体验教学等方式进行理想信念教育、党史国史教育、党纪国法教育、革命传统教育、法治思维教育、反腐倡廉教育，进一步坚定学员的政治立场，激发学员的家国情怀。③知识培训模块。通过开展经济、政治、文化、社会、生态文明、科技、国防、外交、法规和心理健康等综合性知识学习培训，着力培养又博又专、底蕴深厚的复合型干部。针对年轻干部特点，在信念坚定、干净担当、无私奉献，学习钻研、求实苦干、知行合一，阳光心态、自我管理、健康成长等方面安排课程内容。④能力培训模块。紧紧围绕贯彻落实新时代生态文明建设总体要求，通过培训促使林草干部干一行爱一行、钻一行精一行，不断丰富专业知识、提升专业能力、锤炼专业作风、培育专业精神的同时加强领导能力建设，掌握领导管理知识，学习领导方法和艺术，提高领导管理能力。针对年轻干部的特点，通过林草专业能力、行政管理能力及领导能力系列课程提升了学员的工作能力和业务素养，同时围绕"青年人才成长和主动担当有为"主题进行了结构化研讨、座谈交流、学员论坛和主题辩论赛，有效引导年轻干部结合自身实际情况进行职业生涯规划，促进年轻干部的健康成长。年轻干部培训课程设计归纳为"3+X课程模式"即：3（思想政治、党性修养、知识更新）+X（发展能力、专业能力），见图4-10。

年轻干部培训
3+X

发展能力和专业能力

- 发展能力：以林草行业干部培养需要为导向，围绕年轻干部特点，帮助年轻干部做好自我定位和职业发展规划，调动和激发年轻干部的工作积极性，提升职业发展能力；
- 专业能力：围绕贯彻落实新时代生态文明建设总体要求，促进林草干部"干一行爱一样，钻一行精一行"，不断丰富专业知识，提升专业能力，锤炼专业作风，培养专业精神。

思想政治、党性修养和知识更新

- 思想政治：深入学习习近平新时代中国特色社会主义思想、习近平治国理政思想、生态文明思想，学习和了解党和国家的战略部署，了解社会经济发展形势，提升理论认识、拓展思维视角、增强围绕中心服务大局的意识；
- 党性修养：党史、党纪、党规相关知识学习，努力提升年轻干部在政治自律、思想道德、纪律意识等方面的修养；
- 知识更新：通过时政热点、领导管理、政策法规、人文精神、专业前沿等学习更新知识，开拓视野。

图4-10　年轻干部培训课程模式

（五）林草关键岗位培训项目

这类培训主要针对林草关键岗位领导干部以及其他岗位人员在职期间进行的培训。

培训对象有一年以上在岗工作经历和经验。培训目标是提高他们的政治素质和岗位工作能力，更好胜任岗位职责，进而提高行政管理或具体工作效率。林草关键岗位是指紧密围绕林草改革发展重点、林草重大工程，承担维护国土生态安全等责任，具体包括森林资源开发、利用、保护和管理等部门，强调林草专业性、技术素质、管理成效对森林资源保护与生态环境影响较大的林草重点岗位。林草行业关键岗位有：国有林场场长，国有苗圃主任，国家级自然保护区管理局局长，国家级森林公园主任，省级林木种苗管理站站长，省级森林病虫害防治（检疫）站站长，市（地）级森林病虫害防治（检疫）站站长，省级林业调查规划（勘察）设计院院长，省级林业主管部门野生动植物保护管理处处长，市（地）级林业主管部门野生动植物保护管理站站长（办公室主任），县和乡（镇）野生动植物保护管理站站长，省、地、县森林防火办公室主任，省、地、县林业科技推广站站长，乡（镇）林业工作站站长，国有治沙站站长（林场场长），林政执法人员，木材检验员。其他岗位培训包括专职岗位如职业经理人培训、木质门店店长培训等，兼职岗位如业务监督员培训，专兼结合岗位如党、团、工、青、妇、纪委培训等。

培训课程在政治教育、党性教育、领导管理能力提升这些通用知识能力培训的基础上，针对各个不同岗位设置岗位能力，岗位能力的确定在参考关键岗位素质能力模型研究或深入调研基础上确定。林草关键岗位培训课程模式可归结为：思想理论+党性修养+领导能力+岗位能力。

（六）林草专业知识培训项目

林草知识培训主要指非林背景林草知识培训班。克服以往培训中的缺点，应该采取精准培训，即对培训对象进行分类。一类是非林专业背景领导干部和非业务岗位人员，一类是非林专业背景业务工作人员。林草知识课程设计主要通过分析林草行业工作目标对象和管理职能进行。2018年党和国家机构改革后，林业、草原、国家公园融合一体，其工作目标对象涵盖森林、湿地、荒漠、各类保护地、林业产业、草原和国家公园，主要对应的专业有林学、经济林、森林保护、水土保持与荒漠化防治、野生动物与自然保护管理、草业科学等。从管理角度，主要职能有生产、修复、治理、保护、监督、管理、建设等。林业和草原知识培训班课程体系，应包含行业工作目标对象所对应的各专业主干课程和根据各业务管理司局职能提取的相关课程，二者合并形成课程合集，再将课程划归为基础课程、扩展课程和业务课程，对于非业务干部，主要对基础课程中的基本知识进行介绍；对于领导干部而言，主要学习基础课程，可以适当涵盖扩展课程；对于业务干部而言，需要学习基础课程和部分扩展课程外，还有学习与自己业务相关的业务课程（表4-7）。

林草知识培训班往往难以精细到各业务领域，大多数停留在基础知识和部分扩展知识。尽管是林草知识培训班，若培训时间比较长，课程模块中还有政治素养模块，属于组织需求，是干部学院政治属性的体现。因此，林草知识班课程模式归结为：政治素养+基础知识+扩展知识（重点热点）。如果培训班学员能够精确到各个业务领域，则在上述课程模式的基础上再加上相关"业务课程"。业务课程模块可以作为网络平台林草知识课程开发依据，开发的课程可以供不同业务岗位上的非林专业人员自主选择学习。

表4-7　林草知识课程体系一览表

课程类别	课程体系	培训目标群体	
基础课程	森林（草地）生态、森林培育、森林资源管理、森林草原有害生物防治、林业产业、森林草原防火、林业草原生态工程、自然保护地管理、生物多样性保护、湿地保护与管理、沙漠化防治、草原保护管理、林草法律法规、林草政务信息、国家公园建设与管理	非业务干部	林草领导干部
扩展课程	林业重点生态保护修复工程管理、林草种苗管理、森林可持续经营、森林康养、森林城市建设、森林草原安全生产、林草行政执法实务、森林公园管理、林业和草原自然资源资产管理、生态补偿、野生动植物保护、林业和草原及国家公园中长期规划、林草突发事件应急处置、双碳及林草应对气候变化、林草重大改革、智慧林草		
业务相关课程	经济林及林业产业：经济林、林下经济、经济林产品贮藏及加工利用、经济林产品检验与检疫、林产品市场营销、林产品电子商务。	经济林及林业产业业务干部	林草非林背景业务干部（业务相关课程选择与工作领域相同或相近类）
	森林资源保护：森林病害控制技术、森林害虫控制技术、森林植物检疫技术、化学保护技术、森林火灾预警预测、森林资源林政执法	森林资源保护业务干部	
	自然保护区建设与管理：自然保护区规划与设计、自然保护区资源调查、自然保护区保护建设、自然保护区生态修复、自然保护区监测评估、自然保护区重大案件查处。	自然保护区建设与管理业务干部	
	森林资源管理：森林调查技术、林业"3S"信息技术、森林资源资产评估、森林保险、森林资源调查监测	森林资源管理业务干部	
	湿地管理：湿地生态修复、湿地资源监测、湿地资源的监督管理、国际重要湿地和国家湿地公园、湿地工程	湿地管理业务干部	
	野生动植物管理：野生动植物保护与管理、野生动物疫源疫病监测和防控、濒危物种进出口管理	野生动植物管理业务干部	
	水土保持与荒漠化防治：防沙治沙生态工程、沙区特色产业、防治荒漠化公约履约、水土保持规划与设计	水土保持与荒漠化防治业务干部	
	草原资源管理：草原资源动态监测、草原生态保护修复工程、草原鼠虫病等生物灾害防治、退化草原治理、草原旅游	草原资源管理业务干部	
	改革与发展：重点国有林区改革、深化集体林权制度改革、国有林场改革、国有林场（苗圃）管理、林业草原发展战略、林业和草原及国家公园项目管理、林业草原生态扶贫	改革发展、计财等相关干部	

（七）林草专题培训项目

林草专题培训就是围绕林草领域某个专题，如湿地保护、森林公园、依法行政等开展的培训。这类培训范围广泛，涵盖业务类和管理法规类，专题培训不局限于某项具体工作或具体技术，培训班可能涉及该专题方方面面的内容。培训对象和内容根据专题不同而不同，培训目的是通过对该专题形势理论、政策法规、专题知识的学习及有关实际问题的研讨，提升学员相关决策管理能力和拓展性开展工作能力。

1. 地方林草领导干部林草专题研究班

课程总体设置为宏观形势、政策法规、林草专题、应急处置、问题研讨，具体课程可根据区域特点和培训专题内容作针对性地选择和调整。这类培训的课程模式已经基本形成，形势任务模块请国家林草局局领导做主题报告，增强权威性和号召性；政策法规模块主要请相关司局领导或专家对新的政策法规进行讲解，同时培训班设计人员会提前编辑一本法规政策等相关内容的学习资料，供学员自学用；专题知识模块请专家教授就与专题相关的理论知识、管理和技术知识内容进行讲授，为专题内容提供知识支撑并拓展学员思维，提高培训班课程内容深度。能力提升模块则通过大量形式的研讨如结构化研讨、案例分析、学员论坛、座谈交流、小组讨论等就专题相关问题进行研讨，突出研究班的研究特点，以提升解决实际问题的能力；通过媒体应对、危机应对情景模拟提升领导干部应对突发事件的能力等；现场教学把课堂引向现场，内容通常是以专题内容为主，兼顾体验、学习、研讨、拓展于一体，开阔视野、拓展思维、借鉴经验、开拓创新。林草专题培训课程模式可以归结为：形势任务+政策法规+专题知识+能力提升。

2. 县级林草局局长专题研讨班

县级林草局是造林绿化、生态修复、森林资源管理、野生动植物保护与合理利用、林业产业、森林防火、有害生物防治等最为直接的管理机构，是林草重大生态工程建设、林草重大改革、林草促进乡村振兴等最为直接的落实单位。县级林草局局长专题研讨班就是围绕行业发展战略和重点工作、热点难点问题设置专题，以问题为导向，通过培训，着力提高学员分析问题和解决问题的能力，对专题领域实际工作中遇到的重点难点问题有更为清晰的认识和解决的对策，专题研讨班的学员具有丰富的实践经验，带着工作中诸多疑问和问题而来，解开疑惑、寻求解决问题的对策，改进实际工作，是参训的主要目的。培训班的设计涵盖：一是形势任务模块。这个模块主要目标是从宏观层面对行业总体形势进行报告，涵盖专题领域规划、部署和要求，现状和趋势等。通常由分管局领导或相关司局领导来做主题报告。二是政策法规模块。主要是专题领域法律法规、相关政策、管理体制机制等，以提高政策水平。三是专题知识模块。涵盖专题领域相关知识、国内外相关实践经验及关注热点，以及专题领域典型实践案例，以开阔视野，拓展思路。四是能力提升模块。通过以问题为导向，遵循成人学习特点，设置多种不同研讨式教学方法，让学员能够积极融入到学习中来，主动学习、深度学习，提升分析问题解决问题的能力；专题领域是当时行业工作重点，工作难度较大、工作任务重，存在的问题也相应较多，通常是社会舆论关注的重点，提升突发事件处置与舆论管理能力成为专题研讨班的能力提升的重要方面。县级林草局局长专题研讨班课程模式为：形势任务+政策法规+专题知识+能力提升。

3. 专题培训班

与专题研究班、专题研讨班不一样，专题培训项目的培训目标、课程内容设计突出一个"新"字，如新形势、新要求、新规定、新知识、新技能、新案例等；培训对象在该专题领域不一定具备丰富的知识和经验，培训班不以解决实际工作中的问题为主要导向，专题培训班课程模式仍为：形势任务+政策法规+专题知识+能力提升，但在教学方法上，研讨式教学方法的使用少于专题研讨班。

（八）林草专项工作培训项目

针对某项重要工作而开展的培训，培训对象一般为具体工作人员和该项工作的主管领导，培训目的使学员了解该项工作新政策新知识新要求、掌握工作内容、做法和标准，高质量高标准开展或完成该项工作，如全国林业网站群建设培训班、行政许可监督检查及工作培训班、森林认证项目总结验收培训班等。林草专项工作培训班的课程模式为：知识更新+工作要求（标准）+典型经验。

（九）林草专业技术培训项目

该类培训的对象是专业技术人员，培训目的是使学员学习该领域专业新技术，包括相关新理论新理念、技术规程、实际操作等，能够在实践中更好地创新性地应用该项技术。这类培训班很多，涉及林业生产各个环节，如全国油茶良种结构调整优化技术培训班、林果技术培训班、林业植物新品种测试培训班等。林草专业技术培训课程模式为：理论知识+技术要求+实际操作+问题（经验）交流。

综上所述，林草干部教育培训各类培训班培训课程模式总结见表4-8。

表4-8　林草干部教育培训各类培训班课程模式一览表

序号	培训类型	培训班	培训课程模式
1	贯彻落实党和国家重大决策部署的集中轮训	（1）处级干部轮训班	精神解读+重点讲解+学习交流
		（2）司局长研讨班	精神解读+理论拓展+落实研讨

（续）

序号	培训类型	培训班	培训课程模式
2	党的基本理论和党性教育的专题培训	处级以上干部理论研修班	政治理论+党性教育+实践研究
3	公务员层级培训（3+X）课程模式	（1）新录（聘）用的初任培训班	3（思想政治、党性教育、相关知识）+X（基本能力+通用工作技能）
		（2）公务员在职培训班	3（思想政治、党性修养、知识更新）+X（在职能力）
		（3）处级干部任职培训班	3（思想政治、党性修养、相关知识）+X（任职能力、专业能力）
		（4）司局级干部任职培训班	3（思想政治、党性修养、相关知识）+X（任职能力）
4	综合素质能力培训（3+X）课程模式	（1）林草领导干部综合培训班	3（思想政治、党性修养、知识更新）+X（领导能力、专业能力）
		（2）年轻干部培训班	3（思想政治、党性修养、知识培训）+X（发展能力、专业能力）
5	关键岗位培训（3+X）课程模式	关键岗位领导干部在职培训班	3（思想政治、党性修养、知识更新）+X（领导能力、岗位能力）
6	林草知识培训	林草知识培训班	政治素养+基础知识+扩展知识（重点热点）
7	林草专题培训	（1）地方林业领导干部林业专题研究班	形势任务+政策法规+专题知识+能力提升
		（2）县级林草局局长专题研讨班	形势任务+政策法规+专题知识+能力提升
		（3）其他专题培训班	形势任务+政策法规+专题知识+能力提升
8	专项工作培训	（1）党建培训班	知识更新+工作要求（标准）+典型经验
		（2）党（团、青、工、妇、纪）务工作培训班	
		（3）专项行政工作培训班	
		（4）专项业务工作培训班	
9	专业技术培训	（1）森林培育技术培训班	理论知识+技术要求+实际操作+问题（经验）交流
		（2）工程技术培训班	
		（3）保护利用技术培训班	
		（4）监测监控技术培训班	
		（5）林业产业技术班	

三、优化建议

培训课程内容设置是一个周而复始的过程，整个过程与培训外部教育资源有着千丝万缕的联系。对于林草培训教育而言，任何具体的课程方案都不应是静止不变的，其稳定只是相对稳定。培训策划者应根据培训开展的实际情况对培训课程进行局部调整，这种局部调整恰恰体现了林草干部教育培训工作的生命力，有助于进一步理清思路，从系统的角度构建林草领导干部培训课程模式，进一步增加培训的针对性和实用性，优化建议如下。

（一）建立双重培训内容筛选机制

过程和结果的双重内容筛选体制，可以有效确保全面反馈培训效果，通过问卷调查、心得分享以及同事、上下级和学员打分等多渠道收集培训跟踪反馈，有助于有效评估培训课程质量。构建这种由培训各方共同参与、贯穿培训全过程并一直延续到培训结束之后的内容评价，不仅是对培训全过程的有效监督，更保证培训质量，同时也有利于培训管理实施机构有针对性地改进课程内容。

（二）完善干部教育培训的激励考核措施

从绩效管理的理念出发，对培训进行系统管理。例如，每位林草领导干部都可通过访问所在部门的培训管理系统，详细了解培训计划及各培训项目的内容特点；根据工作需要和个人兴趣报名参加，自行掌握具体培训进程；参训情况记入个人培训档案，可以作为年终测评及晋升的依据之一；组织层面对领导干部参训做出规定，明确参训细节，告知反馈后果，这些激励管理措施有助于实现"想训可训、应训必训"的理想状态。建议培训主管委托单位、学员单位把培训与绩效挂钩，激发学习动力和主动性，同时尊重个人特点和发展意愿进行培训，避免一刀切的通病，帮助受训对象制定个性化的职业生涯发展培训计划。

（三）突出不同培训项目的个性化需求

拓宽培训需求渠道，综合考虑组织分析、任务（岗位）分析和学员分析三要素，客观、准确地识别培训需求。培训学员所在的组织或者领导单位判断学员需要哪些知识或能力培训，以保证培训计划符合组织的整体目标和战略要求；通过分析任务或岗位要求认为培训学员应该具备的知识、技能和态度，由此确定与任务相关的培训内容；从学员的实际状况角度分析现有情况与理想状况下的差距，即"目标差"以完成个人对培训需求搜集。三要素需求分析把培训需求看成一个系统，在操作层上进行分类，使得需求调查对象不再局限于某个主体，通过整合使得需求调查更加科学和全面。为了实现个性化需求，需要管理机构做到以下两点：

1. 细化林草干部教育培训项目种类

根据不同培训目标和培训学员需要进一步细化教育培训项目的种类，遵循"分级分类、因材施教"的原则，根据参训学员职称的高低、所在岗位及单位特点，以及参训学员的培训需求进行不同的公务员培训项目进行选择。例如，中高层管理人员重点研习管理决策、领导艺术类课程，一般公务员注重职业技术及专门训练，如入职基本培训、岗位继续培训以及晋职培训等。鉴于同一职级岗位业务性质基本相同，分类培训还可以开展林草专业性更强的培训内容，根据参训学员需要进行培训。

2. 策划更加丰富实用的培训内容

考虑建立清单式林草教育培训内容模块，丰富参训学员的课程选择范围，培训课程设置坚持"以客为本"（针对领导干部服务对象的需要），课程设置强调针对性，学以致用、学用结合。可根据培训实际情况安排必修课和选修课课程学习，在有限的培训时间里让参训学员根据自身需求进行培训内容选择，既保证培训目标的实现又给予受训者自由选择权利，实现组织发展和个人职业发展的双赢，最大限度地确保培训的有效性，充分体现"以人为本"的培训理念。

第五章
林草干部教育培训的教学方法模式 》

第一节　教学方法模式的界定及研究意义

一、概念界定

培训教学方法就是为达到培训目的而在培训教学过程中采取的途径、手段和具体措施。培训教学的方法模式针对的是培训课程的教学过程中采用什么样的方法，简单地说，方法的筛选、使用和优化就构成了方法模式的研究范围。培训专家在干部教育培训的过程中开发了很多培训教学方法，一般有讲授法、演示法、研讨法、视听法、案例法、模拟法和游戏法等。按照《干部教育培训工作条例》的分类规定，干部教育培训的教学方法主要有讲授式、研讨式、案例式、模拟式和体验式。

二、研究意义

提升干部教育培训质量不但要精准把握培训需求、设计符合实际需要的课程内容，更要选择适用的教学方法，这对实现干部教育培训目标至关重要。目前干部教育采用的教学方法多由学历教育、企业培训引入干部教育培训中，具体的种类繁多。干部教育培训既要遵从成人教育规律、符合现代培训理念，更要突出行业特色。结合林草干部教育培训的具体实践，梳理培训教学方法，总结教学方法应用经验，挖掘培训教学方法创新中存在的问题，并提出改进对策和意见，优化培训班教学方法模式，可以为林草干部教育培训班方案设计提供指导和参考，提升林草干部教育培训的质量。

第二节　培训教学方法的研究综述

一、理论基础

（一）马克思主义认识论

马克思主义认识论即辩证主义认识论，其本质为：认识是主体在实践基础上对客体的能动反映。实践是认识的基础，通过实践—认识—再实践—再认识，在实践与认识的反复交替、刺激冲击和深入升华中形成对事物的认知。培训学习也是一种认识活动，从实践开始的培训学习符合马克思主义认识论，从感性到理性，从具体到抽象，从浅到深，由表入里，经历对事物的认识过程，实现培训学习的目的。体验式培训教学强调的是"经历""体验"，从特定的事例场景中让学员从"经历""体验"中获取经验、感悟、理解和认知，以进一步应用于实践中。案例教学和情景模拟教学也是在教师特定的案例和情景中，让学员处于一种身临其境的状态，这种环境刺激学员的情感活动，调动学员的学习热情，能使学员迅速调集并贡献自身已有体验和经验，在分享、碰撞、评价、总结与提升过程中形成对事物的认知。

（二）体验学习圈理论

美国社会心理学家大卫·库伯在他的《体验学习》中提出了四阶段体验学习圈模型（图5-1）。

体验学习由四个学习阶段构成环形结构，包括体验、反思、认知、实践。体验是通过真实具体的觉察来获得直接经验；反思是学习者对已经历的体验加以思考；认知就是学习者能够理解所觉察的内容并吸收它们使之成为合乎逻辑的概念和知识；实践是学习者把所获得的概念和知识运用到工作实践中，并进入新一轮体验学习循环。在体验教学策划中，设计者根据各自的理解和具体活动的特殊性，选择的方式有窄有宽，主题宽泛，教学设计尽量以宽的形式呈现。体验涵盖但

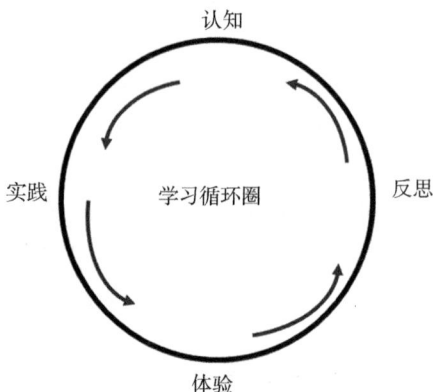

图5-1 大卫·库伯的体验学习圈模型

不局限于"自己做"，可以采取广泛的"觉察"方式，如视、听、闻、触、做、辩、思等；反思的方式不局限于个人反思，还包括集体反思，集体反思指同班学员之间、学员和教师之间就个人反思结果进行分享、对话、讨论的过程，集体反思这种互动式活动有助于打破固定思维模式，使反思更加深刻全面；认知主要是通过对体验主题进行总结提升形成概念性知识；实践这一环节由于培训课程时间短，体验学习得到的认知需在课后或以后工作中得到应用。该理论为培训教学方法中的体验式教学提供强有力支撑。

（三）经验主义理论

杜威认为，经验是现实世界的基础。经验是一个包罗万象的整体，是经验者与被经验的对象之间的相互作用，是有机体与环境之间的相互作用。经验的核心思想应该是主体在有目的地选择对象的基础上进行的主观"创造"。杜威倡导教育应建立在行动的基础之上，教学过程不应该是单纯注入知识的过程，而应引导儿童在活动中收获经验和知识。儿童在生活中收获的经验越多和用经验指导生活的能力越强，也就受到了越发有效的教育。例如，行动学习法，由英国管理思想家雷格·瑞文斯于1940年提

出。其宗旨是让受训者在行动中学习，通过参与实际项目和业务，解决实践中产生的问题。如参加业务拓展团队、参与项目攻关小组，或在企业领导者身边工作等，通过不断实践、反思、总结，最终发展受训者个人能力，使其能够协助组织对变化做出更加有效的反应。

（四）社会学习理论

社会学习理论是由美国心理学家阿尔伯特·班杜拉于1952年提出的。他在吸取了认知学习理论观点后，构建了一种认知——行为主义的模式，形成了很有特色的社会学习理论。这一理论着眼于观察学习和自我调节在引发人的行为中的作用，强调在社会学习过程中行为、认知和环境三者的交互作用。同时认为，学习可以通过观察学习（又称替代学习）而实现，即通过对他人及其强化性结果的观察，获得某些新的反应，或者矫正原有的行为反应，而在这一过程中，学习者作为观察者并没有外显的操作。换言之，观察者自己不去做，看别人做也能学会或者改正某一行为。观察学习是人类学习的另一个重要来源。观察学习可分为三类：①直接地观察学习；②抽象性观察学习；③创造性观察学习。另外，班杜拉还认为观察学习包括注意、保持、复制和动机四个子过程。班杜拉还提出观察学习的强化理论，包括①直接强化：观察者因表现出观察行为而受到强化；②替代性强化：观察者因看到榜样的行为被强化而受到强化；③自我强化：人能观察自己的行为，并根据自己的标准进行判断，由此强化或处罚自己。总之，社会学习理论强调观察学习在人的行为获得中的作用；重视榜样的作用；强调自我调节的作用；主张建立较高的自信心。杜威站在反省思维的立场，主张推理是有教育意义的经验的获取方法（卓晓孟和但武刚，2021），这种推理理论为培训中常常采用的教学方法，如现场教学、学员论坛、经验交流和案例讲解提供了理论支撑。

（五）建构主义学习理论

建构主义（constructivism）最早由瑞士著名心理学家让·皮亚杰于20世纪60年代提出，当时主要用于研究人类对周围世界的学习和认知规律，20世纪90年代，建构主义不断发展与演化，成为认知学习理论下的一个重要分支。他认为心理发展是主体与客体相互作用的结果，人在与周围环境相互作用的过程中，逐步建构起关于外部世界的知识体系，从而使自身认知结构得到发展（张亚娟，2018）。建构主义学习理论认为，学习是引导学生从原有经验出发，生长（建构）起新的经验。建构主义又分为个体建构主义和社会建构主义。个体建构主义认为学习是一个意义建构的过程，学习者通过新、旧知识经验的相互作用，来形成、丰富和调整自己的认知结构的过程。学习是一个双向的过程，一方面新知识纳入已有的认知结构中，获得了新的意义，另一方面，原有的知识经验因为新知识的纳入，而得到了一定调整或改组。社会建构主义，认为学习是一个文化参与的过程，学习者是通过参与到某个共同体的实践活动中，来建构有关的知识。学习不仅是个体对学习内容的主动加工，而且需要学习者进行合作互助。认为教学不能无视学习者已有的知识经验，不能简单地强硬地从外部对学习者实施知识的"填灌"，而是应该把学习者原有的知识经验作为新知识的生长点，引导学习者从原有的知识经验中，主动建构新的知识经验。教学不是知识的传递，而是知识的处理和转换。教师和学生、学生与学生之间，需要共同针对某些问题进行探索，并在探索的过程中相互交流和质疑，进而建构新的知识经验。这一理论为研讨式、案例式、模拟式等类型的教学方法提供理论依据。

二、研究述评

在教育领域关于教学方法的研究是比较全面和系统的，从传统的教学方法到不断创新的教学方法，如课堂讲授法、工具演示法、案例教学法、实践练习法、讨论培训法、角色扮演法和游戏活动法等。培训转接将这些方法逐渐引入到了培训并根据培训的特点进行了大量改进和创新。1908 年，美国哈佛商学院开始用案例式教学方法培养硕士研究生，后来经过不断地完善和建设，20 世纪 50 年代案例式教学达到兴盛。我国是在改革开放后开始引进案例式教学，应用较多的领域是公共管理方向。1984 年，国家行政学院举办了案例式教学的专题研讨班。此后，案例式教学逐渐在教育培训领域得到重视，并且在干部教育培训中得到更多的应用。研究式教学法起源于德国。德国大学的"研讨式"教学模式或"研讨会"的德语原文为"seminar"，最早出自 18 世纪教育家佛兰克创办的师范学校中。1737 年德国学者格斯纳在德国哥廷根大学创办哲学研讨会，从而把研讨课引入到大学中，这被看成是西方研讨式教学模式的起源。19 世纪，柏林大学研讨课形式的出现，赋予了研讨式教学真正的现代意义。研究式教学引入到美国大学，成为美国研究生院最普遍的教学形式；1970 年以后，美国大学教育改革的主要形式之一就是研讨，这为学生提供了跨学科的、综合性的和具有深度的学习体验。研讨式教学对法国、日本、英国、荷兰、希腊、丹麦、比利时、俄罗斯等国也产生了一定的影响。研讨式教学方法于 1911 年，蔡元培从德国莱比锡大学回国后，开始在中国的大学课堂教学中尝试使用。20 世纪 90 年代，武汉大学、湖南师范大学、清华大学相继开始研究、改进和引入了研讨课程。我国多所研究型大学均在尝试与深化研讨式教学，对提升本科和研究生阶段的教学质量起到了一定积极作用。近年来，也越来越多地应用到了我国干部教育培训中，并且形式多样，取得了非常好的教学反馈，成为了使用频次多、效果突出的创新教学方法之一。体验式培训教学源于英文"outward bound"。1941 年，犹太裔出身的库尔特·汉恩和英国人劳伦斯·沃特创办了阿伯德威海上训练学校，以提高年轻海员的体魄和锻炼他们的意志为目的，设计了一项持续 26 天的课程，定期把海员送到学校参加训练，培训他们的生存能力和生存技巧并且取得了良好的效果。汉恩把这项训练称为"outward bound"，这是体验式培训最早的一个雏形。二战结束后，阿伯德威海上训练学校的培训理念被进一步发扬光大，培训对象由海员扩大到学生、教师、军人等群体，培训目标也由单纯的体能和生存训练扩展到管理训练、潜能开发等，培训的方法也进一步规范化，形成了现代意义上的体验式培训。1995年，体验式培训被刘力等人引入中国大陆，并被其所创办的教育培训机构众人以"拓展训练"的形式采用。体验式培训行业不断发展壮大，普遍推广开来，企业的管理培训中开始大规模地引进体验式培训，取得良好的培训效果和成效，并逐渐引入干部教育培训中。

随着我国干部教育培训规模大幅度增加，通过实践研究者对于教学方法的创新，探索更广的空间和更大的应用范围，如情景模拟（郭江，2019），案例式教学（赵淑莉，2016），体验式教学（王洁，2020；朱雪冬，2016；刘春艳，2015；刘小毛，2008），行动学习（史斌，2020），结构化研讨（岳敏敏 等，2020；丁莹和王红霞，2019；赵媛，2019；唐培培，2018；米青，2018）等。

干部教育培训教学方法的尝试和实践，为林草行业干部教育培训方法研究和创新提供了参考和借鉴作用。对于林草干部教育培训教学方法的研究，在为数不多的干部教育培训教学方法创新研究探索中，涉及的有"现场教学""案例教学""结构化研讨""互联网+""体验教学"，如何强化现场教学基地建设、克服现场教学存在的问题，通过确定现场事实主体内容、确定现场教学基地分布、签订现场教学基地协议、明确现场教学材料内容、确定现场教学讲解教师、确定和培养现场教学主持教师等一系列措施提高现场教学效果（张东方 等，2010）。在《谈林业行政执法培训课程建设中应该注意的几个问题》一文中对林业行政执法培训案例教学所采用的方法进行研究（赵亭 等，2014）。研究者对国家林草局管理干部学院积极引入结构化研讨这一教学方法进行总结和分析，认为这种教学方法能够让每一位参与者在既定规则下获得充分发言的机会，使研讨变成一个有步骤、有方法、有引导、有成果的有效学习过程，尤其是有效激发参训学员的积极性和创造性，提升学员解决问题的能力，其研讨结果也能为政府部门宏观决策提供有益参考（丁娜和高力力，2016）。对"互联网+"类培训课程在林业干部教育培训中的应用进行研究，"互联网+"类培训课程运用互联网思维和互联网技术，借助移动互联网，利用智能手机、网络平台、通信软件等工具，建立起培训教师与培训学员的实时沟通，实现实时动态掌握培训需求、实时交流与线上线下互动配合和"智慧众筹"（陈微，2016）。

这些文章主要从自身教学实践出发，阐述了探索应用创新方法的教学经验及问题对策。一方面，干部教育培训创新方法很多，但是林草行业研究相对有限，尤其是对创新方法的全面总结和论述相对缺乏；另一方面，研究仍基本处在表层，理论研究、观念创新有待进一步加强。在一些研究论文和相关报道中，存在对干部教育培训模式和创新教学方法概念混淆和归类不清的现象。由于没有权威的概念定义，行业培训管理者、培训教师等多根据自己的经验来理解和定义。在培训班设计和培训实施中，同样存在名称不规范的现象。

第三节　干部教育培训教学方法的分类情况

《干部教育培训工作条例》把教学方法分为讲授式、研讨式、案例式、模拟式和体验式等类型。在培训教学实践中，培训教学方法更加具体，通常在教学方案中需要标明具体方法。为了厘清纷繁复杂的培训教学方法，本节提出干部教育培训教学方法因分类依据不同可以分为三个类别，每种类型中包含不同的方法。

一、根据教学特点进行分类

干部教育培训方法依据教学特点可以分为讲授式、案例式、模拟式、体验式、研讨式和辩论式教学方法。

（一）讲授式教学法

讲授式教学法是指通过讲授人的讲述使学员获得知识和经验的教学方法，具体可以分为主题报告、专题报告、专题讲座、访谈教学、双师教学等。该方法的优点是将大量知识通过讲授的便捷方式一次性传播给众多听课者，信息量大，听众多。缺点是以讲授人的活动为主，或有较短时间的答疑互动，具有单向输入性、语言抽象性、内容冗长性，学员难以维持长久兴趣、留下深刻记忆。虽然单纯的课程讲授类教学方法被某些人认为不适合成人学习规律，但在实际应用中，课堂讲授类方法仍然是干部教育培训的主要教学方法：一是因为这类传统的教学方法，人们易于接受；二是有限的培训时间给学员灌输知识和经验，效率较高，即使没有在课堂掌握，学员也可以课后消化；三是课堂讲授类只需讲授人用口头的方式把知识传授给学员，不受设备的限制，较为省时省力，成本较低；四是讲授式教学也在不断改进，也可以结合其他方法提高学员的学习积极性。

（二）案例式教学法

案例式教学法是一种以案例为基础的教学方法，教师围绕一定的教学目的，把真实的事件或情景典型化处理，形成案例，启发学员对案例独立研究和互相讨论，获得相关理论知识，从而提高分析解决问题的能力。案例式教学法中的每一个案例都是以现实生活中人和事为基础，符合客观实际，不加入编写者的分析和评论，引导学员进入案例所描述的真实情景中去感悟和体验，从而提高学员从理论到实践的转换能力；通过师生之间、生生之间的多向互动，提升学员面对复杂情景的决策能力和行动能力；强调学员根据自己的知识和经验，从不同的视角进行分析、思考、讨论，提出解决问题的方法，基于案例无确定答案和开放性的特点，可在一定程度上激发学员的思考和探索精神。案例教学倡导主动参与、思索，既能激励教师提高和改进教学活动，又能激励学员主动参与到教学活动中。同时，案例教学有助于学员对具体事例和问题的体验，使学员能更好地掌握理论、付诸实践。

（三）模拟式教学法

模拟式教学法是根据教学目标，在课堂上再现或者模拟真实社会中工作以及生活事件发生和发展的过程和环境，通过角色扮演的方式，使学员接近真实的情景，并与其中的人物和事件发生互动，亲身体验某些角色的地位、处境以及工作要领和技巧，在短时间内加深理解教学内容、迅速提高预测和处理实际问题能力的教学方法。是一种极具实践性和操作性的仿真培训教学方法。它与领导干部注重合作、交往、分享、反思的学习特性高度吻合，以学员为主体，通过培训教师的启发和引导，调动学员积极参与，实现知识性和趣味性的有效结合，让学员在轻松的氛围中学习和巩固知识，提高能力。主要应用的方法有媒体应对情景模拟、危机处置情景模拟、桌面推演和沙盘模拟等。

（四）体验式教学法

体验式教学法是指在教学过程中为达到既定教学目的，从教学需要出发，引入、创造或创设与教学内容相适应的场景氛围，让学员"身临其境"地学习，亲身体验主动合作、探究学习的喜悦和困惑，反思自己的经验与观念，在交流和分享中学习他人的长处，产生新的思想和新的认识，以达到自身观念、态度和行为上的改变，改进工作和生活。体验式教学更加关注学习过程，在体验下不断修正并获得观念的连续过程。体验式教学的主体是学员，学员在教师的情景设计和引导下进行"学习"。通过观察、聆听、动手、表达、反思、创造，达到学习效果。主要应用的方法有破冰、拓展、现场教学、心理体验、红色体验、自然体验、森林体验、实战演练和演讲等。

（五）研讨式教学法

研讨式教学法以解决问题为中心，启发学员思维，打破传统教学"满堂灌"的模式，在教师的指导下，以学员研讨为主的综合式教学方法。研讨式教学法以学员研究与讨论为两条主线贯穿于课堂始终，课堂中，教师允许学员提问、探讨和争辩，鼓励学员独立思考，把研究、思考、探索等创新因素渗透于整个教学过程中。在干部教育中引入研讨式教学法，既是当前干部培训的客观需要，也是对传统教学法的探索性尝试，主要目的就是为了增强学员在培训中的主体地位，调动学员学习、思考的主动性、自觉性，提高培训教学的针对性、实效性。学员在课堂外和课堂内对教学内容的资料搜集、整理、学习和思考，通过教师点拨和专家点评开展讨论、辩论等，完成预定的培训任务，实现知识更新和能力提升的双赢效果。根据培训主题和目标的不同，研讨式教学法又可采取多样化的形式。主要应用的方法有座谈交流、结构化研讨、小组讨论、学员论坛、圆桌会议、案例分析、调研等。

（六）辩论式教学法

辩论式教学法引导学员组成不同的阵营，并赋予相互对立的主题，彼此用一定的理由来说明自己对事物或问题的见解，同时揭露对方的矛盾，以便引导学员进一步深化某个主题的认识，着重培养人的思维表达和逻辑推理能力。辩论式教学具有以下特征：辩论人员不少于两个，辩论的主题有两个对立的观点，只有合乎思维逻辑的辩论，才可能获胜，辩论目的是追求真理，取得共识。辩论式教学开阔学员的思维，锻炼辩论者资料收集、统筹分析、口头表达、矛盾辨识、团结协作等能力，通过辩论锻炼勇气、提升口才。

二、根据学员参与程度进行分类

干部教育培训教学方法依据学员参与程度可以分为灌输式教学法、参与式教学法、互动式教学法和引导式教学法。灌输式教学法是一种曾经受到诟病的传统教学方法，在此不做讨论。

（一）参与式教学法

参与式教学法，就是教与学双方交流、沟通、协商、探讨，在彼此平等、彼此倾听、彼此接纳、彼此坦诚的基础上，通过理性说服甚至辩论，达到不同观点碰撞交融，激发教学双方的主动性，拓展创造性思维，以达到提高教学效果的一种教学方式。参与式教学，教师学员双向交流，或解疑释惑，或明辨是非，学员挑战教师，教师激活学员。参与式教学教师充分调动学员的学习热情、已有经验和发展潜力，使他们真正成为学习的主人，全身心投入教学活动中，变被动地学习为自觉、主动地学习。学员思考问题、解决问题的创造性，可促使教师在课堂教学中不断改进，不断创新。教师尊重学员的心理需要，倾听学员对问题的想法，发现其闪光点，共同参与、共同思考、共同协作、共同解决问题，真正产生心理共鸣。参与式教学法学员能亲自参加到探讨、发现、体验、深化、运用知识和提供能力的过程中，成为学习的主人。参与式教学法强调学员参与性教学的特征，案例式教学、模拟式教学、体验式教学、研讨式教学都具有参与式教学特征。

（二）互动式教学法

互动式教学法是指教师遵循干部教育培训的教学规律，按照教学目的的要求，将学习者引入特定的互动情境中，通过多边互动和研讨交流进行动态研讨的教学形式。互动式教学根据领导干部具有相当理论基础以及实践经验的实际情况，强调问题的分析和解决，主要注重学员的独立活动，着眼于学员思维能力的培养。换言之，互动式教学是以问题解决为中心，从现象入手关注学员利用先前经验对问题进行思考和解释，通过互动研讨引导学员调整自己的先前经验的过程。互动式教学法强调教学过程中互动特征。即使是课堂讲授教学法中都可以引入互动式教学方法。

（三） 引导式教学法

教师通过一定的方式引导激发学员的学习积极性和主动性，发挥学员在学习中的主体地位，自主地、能动地、创造性地进行思考、学习和实践的教学方法。根据引导的方式不同又可以分为问题引导式、思维引导式、行为引导式等教学方法。问题引导式教学法是指教师根据教学内容，设计具有内在关联的一系列引导性问题，以问题意识激发学习者学习的积极性和主动性，通过对这些环环相扣的问题进行探讨，引导学习者自主地运用已经掌握的知识去探求新知识，发现、分析和解决新问题。思维引导式教学法是指教师根据教学内容，在教学中教师特别设定一种情境，引导学员在学习中通过思索、分析、观察、判断掌握要领，培养独立思考及发现问题、解决问题能力的教学方法。行为引导式教学法是指教师根据教学内容，通过设计一定的行为活动，引导学员在参加和完成这些行为活动的过程中改变行为，通过行为的改变提升能力。如访谈式教学。

从广义上来看，参与式、互动式和引导式这三种教学方法都鼓励发挥学员在学习中主体地位，让学员参与到教和学的过程中来，因此，这三种方法区别不大，通常被看成是一种方法的不同叫法。从狭义上来看，它们之间存在一定区别，主要表现在教师的作用和学员的参与程度。参与式教学主要是学员自主研讨学习，从教学设计、教学过程到教学评价，学员都参与其中；互动式教学则强调教学过程中的师生互动、生生互动；引导式教学强调教师引导作用和学员学习自主性的激发。即使在讲授式教学中也倡导引入互动和引导环节。由于这些方法贯穿于其他教学方法中，因此，培训课程设计方案中教学方法一般不以这种分类的方法进行标记。

三、根据教学场地进行分类

干部教育培训教学方法根据教学所在场地可以分为课堂教学、现场教学、行动学习、网络教学。

（一） 课堂教学

课堂教学的学习场所主要在一个室内固定场所即课堂，采取的教学方法可以是讲授式教学、案例式教学、模拟式教学、体验式教学、研讨式教学、辩论式教学等各种教学方法。

（二） 现场教学

现场教学的学习场所则以事例现场为主，通过现场观看和听取讲解，结合报告或讲座、讨论等教学方法，达到学习了解教学主题并拓展思维、开阔眼界、借鉴经验、提升能力的教学目的。

（三）行动学习

行动学习是问题研讨、专家辅导、经验分享、对策制定、实际行动、总结提升的培训教学方法。培训场所贯穿课堂、现场和工作岗位。行动学习的主要目的是解决实际问题和在解决问题中学习。

（四）网络教学

网络教学也叫线上教学，即主要依靠互联网等信息技术手段，以录播、直播等形式开展的培训教学。后疫情时代，线上学习或线上线下混合学习比重将越来越大。

现场教学、行动学习和网络教学（线上教学）有自己的特色，可以涵盖几种不同的教学方法，其可以作为培训方式，如研学班（可全部为现场教学）、行动学习培训班、网络培训班；也可以是培训班中的一个教学环节，因而把它们看作一种教学方法，在培训课程设计时需要在教学方法一栏中注明。

第四节　干部教育培训常用的教学方法

一、讲授式教学

（一）主题报告

讲授人在课堂上就某项主题通过口头的形式向学员所作的陈述和介绍。特点：一是通常情况下，专题报告人一般为高层领导或领域知名专家，授课内容具有权威性，实际指导意义大；二是报告内容高度浓缩和概括，一般忽略具体问题的细节讲解。

（二）专题讲座

讲授人在课堂上就某一专题（学科或领域）以讲授的形式向学员进行讲解。特点：一是信息量大、内容相对丰富、讲解细致好理解，尤其对新理论新知识的传播不失为一种时间短效率高的教学方法；二是单方面输入，没反馈，没考虑学员是否能接受，学员主动学习积极性不能调动起来，容易给学员一种冗长乏味的印象。

（三）专题报告

由英雄模范本人或宣讲人、事件直接或间接参与者或见证人在培训班课堂讲述先进事迹或工作经验做法的一种教学形式。一是由于讲述人具有切身体会和感受，讲述生动，感染力强；二是讲述教学重点放在事件和经验的介绍，通常深层分析和内容延展欠佳。

（四）访谈教学

根据教学目标，邀请某主题或事件特定人员作为嘉宾，教师扮演主持人或访问者角色，在有目的的提问或启发下，嘉宾就某事件、某问题或某些想法进行讲述，进而达到让学员学习的目的。嘉宾是事件的亲历者或最为直接的相关人，讲述更加鲜活生动，更有说服力和感染力。作为教师的主持人或访问者，通过预设问题，循循善诱，让讲述者层层深入，让作为听众的学员不断被新的问题所吸引，保持持续兴趣，提升学习效果。

二、案例式教学

严格意义上案例式教学类主要指案例教学方法，其特点：一是案例真实性强，学员似身临其境，设身处地进行思考和分析，由于不同角色的观点交锋，能启迪智慧，开阔思路，提高学员分析问题解决问题的能力。二是案例选择和编写要求高，能够进行案例教学的教师资源稀缺。

三、模拟式教学

（一）情景模拟

情景模拟教学法，也称角色扮演法，是一种极具实践性和操作性的仿真培训教学方法。是根据教学目标，在课堂上再现或者模拟真实社会中工作以及生活事件发生和发展的过程和环境，通过角色扮演的方式，使学员接近真实的情景并与其中的人物和事件发生互动，亲身体验某些角色的地位、处境以及工作要领和技巧，在短时间内加深理解教学内容、迅速提高预测和处理实际问题能力的教学方法。它与领导干部注重合作、交往、分享、反思的学习特性高度吻合，课堂以学员为主体，培训教师启发和引导，调动学员积极参与，实现了知识性和趣味性的有效结合，让学员在轻松的氛围中学习和巩固知识，提高能力。

1. 媒体应对

在干部媒体沟通能力培训中运用情景模拟教学法，就是设置逼真的媒体情景，让学员扮演新闻发言人、被采访者、访谈嘉宾等相关角色，参加新闻发布会、媒体见面会、电视访谈节目、电话采访等媒体活动，使学员切实增加应对媒体的实际感受，锻炼应对与应变能力，积累与媒体打交道的实战经验。特点：一是学员参与度大，自己演自己看自己评，有趣性强，学员积极性高；二是学员在各种模拟情景中凭借自己的知识和理解扮演特定角色，演后学员进行点评，观看演出回放，教师对演出者和学员观众及其点评进行点评，同时进行讲解，印象极其深刻；三是虽然媒体应对情景模拟在普通教室也能够完成，但要营造逼真情景，还需要较多的媒体设备，教学效果才能更好；四是教师需要具备媒体工作经验。

2. 危机处置

危机应对情景模拟为参训学员提供了一个突发事件仿真的情景，使其在亲历体验模拟危机处置后，反思自身应对能力的盲点和不足，从而实现能力提升。特点：一是突发事件选择贴近现实，真实反映现实应急管理活动，学员参与积极，激活学员调动知识内存学以致用；二是危机应对情景模拟教学中参训学员往往是分组进行演练，是团队的一次实践活动，有效提升学员的团队协作能力；三是整个过程中自己进行了思考、小组进行了讨论、全班进行交流，小组相互点评、教师总体点评并总结讲解，教师与学员、学员与学员之间碰撞出智慧的火花，增强了师生互动，实现了教学相长；四是双师教学，既有利于一个老师对整个场面引导和控制，又便于另一个老师对各小组讨论进行观察了解，总结讲解时细节生动有趣，氛围轻松愉快，学员兴趣盎然，记忆深刻持久；五是需要一定设施设备以及视频制作材料，提高模拟情景仿真性。

3. 模拟法庭

模拟法庭原是高校法学教育中的一种实践教学活动。它是以典型法律案例为基础，由学生组织模拟审判活动，学生扮演审判人员、公诉人、原告、被告、诉讼代理人等各种角色，严格按照真实审判的流程对该典型法律案例进行"审理"并最终依法进行"判决"的法律实践教学活动。该方法引入到培训教学中，对于具有专业知识和实践经验的行业执法司法人员更具有操作性，帮助他们更加深刻理解程序法和实体法的内容，提升执法分析判断能力。特点：一是专业性强，学员必须具备法学知识基础和一定实践经验；二是准备工作较多，短期培训时间有限，前期准备由教师完成；三是角色多，教师点评指导难度大，要求教师水平高；四是不同法律工作背景的教师进行指导，模拟法庭更加真实有效。

（二）桌面推演

参演人员利用地图、沙盘、流程图、计算机模拟、视频会议等辅助手段，依据应急预案对事先假定的演练情景进行交互式讨论和推演应急决策及现场处置的过程，从而促进相关人员掌握应急预案中所规定的职责和程序，提高指挥决策和协同配合能力。桌面推演一方面可以像危机处置情景模拟一样，设置仿真场景，让学员在一定时间交出对策措施供老师和学员评判；另一方面教师也可以根据案例进展情况分阶段设置各类问题，引导学员灵活整合自己相关知识及经验，设计出解决问题的分析框架，提升危机处置能力。特点：一是具有演练特征，但相对演练成本相对低，在室内即可完成；二是相对于危机处置情景模拟内容更加全面深刻；三是桌面推演有一定难度，累人，容易沉闷，趣味性相较少些。

（三）沙盘模拟

沙盘模拟是让学员直接利用企业资源计划（ERP）企业管理思想对模拟企业的全部经营活动进行全面管理和控制，将模拟企业生产经营活动，实现动态管理、实时控制。每组代表一个虚拟公司，小组成员分别担任公司中的重要职务（首席执行官、财务总监、市场总监、生产总等），沙盘展示企业经营业绩。企业面对来自其他企业（小组）的激烈竞争，必须根据市场需求预测和竞争对手的动向，决定公司的产品、市场、销售、融资、生产方面的长、中、短期策略、使用年度会计报表结算经营结果，最后讨论制定改进与发展方案，并继续下一年的经营运作。特点：一是沙盘模拟比较适合ERP 培训、财务管理、风险管理、经营管理分析等，经常用于企业中高层管理人员培训；二是有模拟，有实操，能让人印象深刻；三是对模拟情景及数据要求高。

（四）管理游戏

管理游戏教学法要求学员在一定的规则、程序、目标和输赢标准下竞争，往往是全组合作达到一个共同的目标。它能通过调动学员的参与热情和兴趣来训练他们的合作意识、相互协作的方法与技巧，以及学员由此及彼的思维能力与创造力。一个好的管理游戏能够使学员在行为中不自觉地展现自己在实际组织或群体中所扮演的角色并有所感悟，这比单纯地讲授知识收获更大。除此之外，教师还应尤其注意事后的归纳与总结，因为游戏后的启示要比游戏本身更为重要。特点：一是管理游戏帮助受训者挖掘其解决问题的技能，帮助他们将注意力集中在制定公司规划上，而不是集中在临时事务的应付上，它是一种良好的人力资源开发手段；二是这种游戏可以用于开发领导能力、培养合作及团队精神；三是具有趣味性，能使参与者马上获得客观的反馈信息；四是这种游戏的设计及实施费用可能很昂贵而且花费时间；五是教师进行观察操作不便，难度较大。

（五）实战演练

实战演练就是借鉴军事演练的思想，仿真实战情景，使学员身临其境，设身处地地完成某项任务，通过演练回放，让学员了解自己在演练中的表现，教师组织学员讨论，并进行归纳、概括、提炼、升华，从而达到使学员掌握技能，提高分析问题和解决实际问题能力的一种教学方法。特点：一是与情景模拟相比，实战演练设定事件情景更加接近真实，演练过程中更加注重实际操作和实际行动；二是实战演练既可在现场或模拟现场，也可以在课堂进行，根据演练的内容不同而定；三是学员更需具备相关知识，对于某些复杂的事件而言，演练组织难度较大。

四、体验式教学

（一）破冰活动

破冰活动就是培训师组织若干学员通过游戏、舞蹈、唱歌、故事、笑话、情景、角色等形式多样的方式，认识彼此，消除隔阂，融入团队，并建立人与人之间的主动沟通与交流，建立团队精神。特点：一是活动方式简单易做，氛围轻松愉快；二是培训师通过奖惩激励方式，强化学员对活动的主动参与，培训效果好；三是通过活动，学员能够放开身份，转换角色，快速进入学习状态。

（二）拓展训练

拓展训练主要是通过组织学员参加特意设计的集生存训练、心理训练、人格训练、能力训练、管理训练、团队训练为一体的活动项目，达到"磨炼意志、陶冶情操、完善自我、熔炼团队"目标的一种培训方法。特点：一是训练内容具有综合性，通过精心设计的体能活动，诱发特定的思维活动、心理活动和交往活动，通过真切地体验与反省，改变不恰当的心智模式，增强和拓展学员的组织能力、协调合作能力、创新能力；二是强调参与者自身的主体性，学员以主角的身份完成活动—体验—分享—思考—理论提升的体验式学习过程；三是强调学习的体验性，培训师除了必要说明和指导，不会干预，不提出建议，不会指责和评论；四是拓展训练通常需要在拓展基地进行，需要专业设备和场地，成本较高。

（三）专项体验

培训中针对专项内容开发出来体验课程。随着培训研究和实践的不断扩展和深入，专项体验的课程越来越多。

1. 心理体验

心理体验就是在教师的引导和指导下，学员参与精心设计的心理实验活动，获得体验和感悟，从而对心理现象、心理活动有更加直观地感受和认识，或者在最自然的状态下自我表达，激发没有任何思想预设的情感和情绪变化，更加清楚自己内心世界的不和谐和偏离，并对其进行纠正的教学方法。特点：一是具有针对性，不同的对象心理健康程度不同，心理体验的目的也不同；针对心理健康的学员，可以设置增压体验，激发心理能量；对工作和生活中感受到压力的学员，可以设置减压体验，放松心理；也可以进行个人咨询，通过个性化心理测评、辅导帮助克服心理问题。二是需要创建适宜的环境和借助一定仪器设备。

2. 红色体验

红色体验式教学就是根据教学的目标设计红色体验课程，依据课程设计、课程实施和课程评估，使学员体验革命先烈和革命先行者的崇高的共产主义风范，在体验基础上引导学员领会能促使革命者产生革命行为、来自共产主义信仰的意义，利用意义建构自己坚定的共产主义信仰体系（价值观和方法论）的教学行为。对于党员干部来说，重走长征路、重上井冈山等革命圣地，体察（实地考察）地下党被迫害的场景，重温入党誓词，重温革命理想的红色体验，是加强党性锻炼，增强党性修养的最有效的途径。特点：一是注重实地实情体验和内心体悟，需要学员有发自内心的真实感受。二是通过"体验—总结—分享—运用"这一规范教学流程，使培训效能最大化。

3. 自然体验

自然体验是体验者在自然环境中的生态体验。作为一种培训教学方法，自然体验是学员在自然体验师带领指导下，在户外进行种种精心设计的活动，从而使学员在自然界获得内心感受和体味，领悟生命的伟大，树立尊重生命、尊重自然、保护环境的情怀。特点：一是强调在自然中学习，在自然中开展各种有计划的学习，获得亲身体验；二是强调向自然学习，在非计划的情况下接受自然环境，用心灵和感官来感受大自然，体验自然对人在心理和生理上的影响；三是教学在户外进行，受天气情况影响大。

4. 森林体验教学

森林体验是在教师的指导下，通过视、听、闻、触、尝、思等体验方式，依托森林资源环境，在欣赏、感知、了解森林的同时，获得感触和启发，并密切与森林之间的关系，享受自然带来的美好，从而提高保护森林、保护生态的意识，将生态文明的理念根植于心。增进对森林的了解如初任职人员培训班和非林背景人员培训班安排。教学轻松愉悦、学员参与积极性高，但容易流于浅层，深度教学有难度。

五、研讨式教学

（一）座谈交流

座谈会原本是政府机关、企事业单位和社会团体为收集信息、征求意见、调查研究而邀请有关人员进行的访谈。用在干部培训中，座谈交流是让相关主管部门领导和地方学员互相交流的平台。通常要求 5~7 个相关领导和专家，来培训班与学员一起就某一专题进行交流。领导和专家发言介绍情况，学员就学习中和实际工作的相关问题进行提问，领导和专家进行解答。特点：一是采取圆桌或长桌形式，气氛较为轻松、亲切；二是双向互动，学员了解到想了解的问题、解开了疑惑，领导了解了地方或基层情况，相当于进行了一次调研。

（二）结构化研讨

结构化研讨就是按照一定规则、程序，运用适当的研究工具，有引导、有控制地针对预设问题进行聚焦诊断、查找原因、寻求对策的小组研讨方法。特点：一是按程序进行，注重问题原因和对策内在联系，更加科学；二是人人参与、平等参与，围绕主题、遵守规则、贡献思想、言简意赅，克服传统研讨中可能出现的群体思维和群体偏离现象；三是研讨有结果，研讨过程中有记录，最后小组需提交研讨总结，问题原因对策清楚明晰；四是需要有掌握规则经过训练的催化师。

（三）小组讨论

小组讨论是培训常用的一种培训方式，小组讨论可以自始至终以小组形式进行研讨，也可以是报告人在全班进行报告，然后分组研讨或小组之间就某一问题辩论的形式进行，其目的就是要深入分析问题并提出明确的解决方式。分小组讨论时，可以是有组织地讨论，也可以是无组织开放式讨论，还可以有专家在场的陪伴式讨论。在干部培训中常用是有组织讨论，小组由主持人组织协调进行讨论，主持人可以是教师、也可以是学员（组长）。特点：一是学员参与性较强，学员能够各抒己见，充分表达自己，有利于加深对问题的全面理解和认识，群策群力，问题对策全面；二是容易出现明星效应（引起神聊），讨论容易离题，对主持者要求较高，要能够控制场面；三是小组讨论教师参与少，讨论效果不能确保。

（四）学员论坛（圆桌论坛）

学员论坛是教师和学员共同选择、细分论坛主题，在深入实际调查研究的基础上，学员采取自由发言或指定发言等方式在论坛上交流自己的调研成果，力求运用所学理论去探讨解决实践问题的思路与对策，进而实现教学相长、学学相长。学员论坛为了创造更加轻松自然的氛围，无主席台无讲台，以圆桌形式就座，因此也叫圆桌论坛。特点：一是学员发言主题经过选择和统筹，发言内容经过精心准备，论坛比小组讨论更加深入，更加紧凑。二是论坛比较灵活，可以有专门主持人；也可以由组长担任主持人或演讲者自己担任主持人；发言后，听众和发言人之间、发言人与发言人之间可以自由交流，也可邀请不同领域专家作为点评人；发言交流后，专家进行点评，进一步增强培训效果。

（五）案例分析

案例分析区别于案例教学，是由教师为学员提供一个精心准备的案例，让学员自己去分析这个案例，诊断问题所在，与受训者一起讨论后，提出自己解决问题的思路的一种方法。特点：一是案例分析法是一种学员讨论式培训方式，学员通过主动地参与讨论过程，发表见解，以及意见的相互交流和培训讲师的理论总结，从现象之中发现事物的本质，实现理论和实践的结合；二是案例教学有利于扩大学员的知识，案例选择多种多样，案例可以来源于学员熟悉的环境，也可以来源于学员不熟悉的环境，通过对各种类型的案例素材的把握，拓宽眼界，扩大知识面；三是案例分析容易组织，但对案例和教师水平要求高。

（六）世界咖啡

"世界咖啡"汇谈法的原理是深度汇谈，即通过对话者的同时参与，分享所有对话者的讨论和观点，从而在集体和个体中获得新的理解和共识的一种交流活动过程。是一种集体共同的参与和分享，并且能够在集体中萌发出新的理解，达成共识，是使参训者学会知识分享、智慧共享、培养综合能力的有效培训方法。特点：一是环境愉快，要创设轻松愉快的环境，使每个组都有自己相对独立的"咖啡屋"；二是学员素质要求高，每位参与者自身必须有独立思考能力，能够在吸收他人见解的同时提出新的想法，产生新的火花；三是讨论分享充分，学员不但就自己小组的主题进行讨论，同时要轮流到其他小组去品尝"咖啡"（看他们组讨论的情况），提出自己的意见和看法，每个学员参与所有小组问题的讨论，小组要在全班进行分享。

（七）调查研究

调查研究法原本为科学研究的一种方法，后为培训引入成为一种培训教学方法，是指在教师的指导下，以个人或小组的方式，采用问卷或访谈、实地考察、询问等方法，全面系统地收集与主题相关的信息，并进行分析总结归纳，从而寻找问题对策或内在规律的一种教学方法。特点：一是科学性强，一方面表现在学员为了达到创新的目的，其调查研究是在理论的指导下进行的，另一方面，调查研究法的研究方法具有科学性；二是综合性强，综合性表现在综合的研究视角和知识运用以及多样性的研究方法；三是实践性强，调查研究需要学员深入调查地点开展调研，不论是问卷调查、实地观察或者访谈调查，等等，都是依赖于人的实践活动才得以开展；四是该方法内容多，较为复杂，时间较长，在集中短期培训中困难较大。

（八）辩论式教学

辩论式教学通常采用的是口头式双方辩论或多方辩论。通过学员辩前准备、课堂辩论和辩后点评总结，培养资料收集能力、逻辑思维和表述能力、抗压和应变能力等。辩论式教学学员全程参与，在大量收集资料的基础上，进行深入思考，面对各种质疑和揭露，要思维缜密、条理清晰、反映迅速、表达清楚，同时快速找到对手的问题和漏洞，进行反击。这样一种形式容易激发学员的胜利欲望，提升学员参与的积极性。辩论的目的不是谁胜谁负，输赢并不重要，重要的通过辩论更加立体地看问题，拓展思维。

以上是干部教育培训中常见的教学方法，其他如辩论、演讲、知识竞赛、学术沙龙等方法在培训中也有不同程度地运用。综上所述，干部教育培训常见教学方法、特点及应用举例见表5-1。

表5-1 干部教育培训教学方法、特点及应用举例

方法名称	方法含义	方法特点	应用举例
1. 主题报告	主题报告通常为上级领导或权威专家就某个重点热点主题所作的报告，强调主题背景、目的意义、现状及发展趋势、措施及要求或问题及解决途径等	针对性、实用性、权威性强，解释少、较为抽象	获取权威信息，如"当前林业草原改革发展新形势新任务"主题报告
2. 专题报告	专题报告通常涵盖相关领域的新发展新情况、行业实用的新技术新方法、生产实践的新模式新经验、先进人物或单位的典型事迹等	贴近学员、通俗易懂、生动鲜活，容易为学员所吸收	获得实践经验，如"山西生态扶贫模式"专题报告
3. 专题讲座	围绕课程教学目标、选择归纳课程内容形成专题，以理论知识为主体，对重点和难点进行纵深扩展、深入讲解	成本低、信息量大，单向输入	获取大量知识和信息，如"生物多样性保护"专题讲座

（续）

方法名称	方法含义	方法特点	应用举例
4. 访谈教学	根据教学目标，邀请某主题或事件特定人员作为嘉宾，在教师的提问或启发下，就某事件、某问题或某些想法进行讲述，进而达到让学员学习的目的	生动鲜活、引人入胜，吸引力强。教师与嘉宾的配合需要沟通	了解事实，获得知识、经验等，如访谈英雄、烈士后代
5. 案例教学	以案例为基础，围绕课程教学目标，把真实的事件或情景典型化处理形成案例，通过学员对案例独立研究和互相讨论，获得相关理论知识，提高两难问题的分析思考能力	真实感强，观点交锋，记忆深刻。案例选择和编写难度大，对教师要求高	提升分析思考决策能力，如生态保护与地方经济发展案例课
6. 情景模拟	根据课程教学目标，在课堂上再现或者模拟真实工作、生活等事件发生发展过程和环境，通过角色扮演，使学员亲身体验角色地位、处境及工作要领和技巧，提高预测和处理实际问题能力	仿真模拟、生动有趣、极具实践性和操作性	
（1）媒体应对	课堂上再现逼真的媒体应对情景，学员扮演新闻发言人、被采访者、访谈嘉宾等相关角色，参加新闻发布会、媒体见面会、电视访谈节目、电话采访等媒体活动，使学员切实增加应对媒体的实际感受，锻炼应对与应变能力，积累与媒体打交道的实战经验	学员参与度大，积极性高；观看回放，进行点评，印象深刻；场景逼真，效果更好。要求教师有经验，要有一定的设施设备	提高媒体应对能力，如"突发事件媒体应对"情景模拟
（2）危机处置	提供一个真实或贴近现实的危机事件情景，学员通过个人思考、团队协作，进行危机处置，并通过学员展示交流、相互点评，学习反思、取长补短，通过教师点评和讲解，掌握危机管理知识，提升危机处置能力	互动性强，教学相长，氛围轻松、兴趣盎然，记忆持久。需要设施设备及相关视频材料，提高模拟情景仿真性	提高危机应对能力，"林业草原突发事件处置"情景模拟
（3）法庭模拟	模拟法庭应用到干部教育培训中，以典型法律案例为基础，采用角色扮演，由学员扮演审判人员、公诉人、原告、被告、诉讼代理人等各种角色，严格按照真实审判的流程对该典型法律案例进行"审理"并最终依法进行"判决"	专业性强，准备工作较多、实施有难度、角色多、教师点评指导难度大	帮助具有专业知识和实践经验的行业执法司法人员更加深刻理解程序法和实体法内容，提升执法分析判断能力

（续）

方法名称	方法含义	方法特点	应用举例
7. 桌面推演	利用地图、沙盘、流程图、计算机模拟、视频会议等辅助手段，依据应急预案对事先假定的演练情景进行交互式讨论，推演应急决策及现场处置的过程，促进学员掌握应急预案中所规定的职责和程序，提高指挥决策和协同配合能力。桌面推演一方面可以设置仿真场景，让学员在一定时间拿出对策措施供老师和学员评判；另一方面教师也可根据案例进展情况分阶段设置各类问题，引导学员灵活整合自己相关知识及经验，设计出解决问题的分析框架，提升危机处置能力	具有演练特征，但成本相对低，在室内即可完成；比危机处置情景模拟内容更加全面深刻；桌面推演有一定难度，累人，容易沉闷，趣味性相较少些	提升危机处置能力，如"森林防火应急处置"桌面推演
8. 沙盘模拟	采用虚拟企业、角色扮演、沙盘展示等，通过预测市场需求和竞争对手的动向，来制定本企业的产品、市场、销售、融资、生产方面的长、中、短期策略、使用年度会计报表结算经营结果，最后讨论制定改进与发展方案，并继续下一年的经营运作。沙盘模拟经常用于企业中高层管理人员培训	有模拟，有实操，让人印象深刻；但课程设计难度较大，对模拟情景及数据要求高	形象直观，参与感强、理解更加透彻，该方法可引入干部教育培训的其他适宜内容中，如在年轻干部培训班中设置学习"塞罕坝精神"沙盘模拟
9. 管理游戏	通过管理游戏教学调动学员的参与热情和兴趣。在管理游戏中学员不自觉地展现自己的行为，发挥自己的作用，这使学员有切身感悟，教师事后的归纳与总结，能够起重要作用，让学员的感悟更加全面深入	趣味性强，能使参与者马上获得客观反馈信息；但其设计及实施有难度，费用可能昂贵、花时可能长；教师观察难度大	提升领导能力、培养合作及团队精神
10. 实战演练	借鉴军事演练的思想，提供仿真实战情景，使学员身临其境，设身处地地完成某项任务，通过演练回放，让学员了解自己在演练中的表现，并通过讨论、总结、提炼、升华，使学员掌握技能，提升能力。根据演练的内容不同，实战演练可在模拟现场或课堂进行	注重实际操作和实际行动，培训效果好。对于某些复杂的事件，演练组织难度较大	获取实际操作能力，如"灭火实战演练"

（续）

方法名称	方法含义	方法特点	应用举例
11. 破冰活动	组织一群互不相识的学员通过游戏、舞蹈、唱歌、故事、笑话、情景、角色等多种多样的方式，认识彼此，消除隔阂，融入团队，并建立人与人之间的主动沟通与交流，建立团队精神	方法简单易做，氛围轻松愉快	转换角色，消除陌生，融入学习团体。在学员互相不熟悉的培训班都可安排
12. 拓展训炼	通过组织学员参加特意设计的集生存训练、心理训练、人格训练、能力训练、管理训练、团队训练为一体的活动项目，达到"磨炼意志、陶冶情操、完善自我、熔炼团队"目标。学员以主角的身份进行活动—体验—分享—思考—理论提升的体验式学习	学员自主体验，有难度；教师不干预，不提建议，不指责，不评论，只作必要说明和指导。通常需要专业设备和场地，成本较高	突破自我、激发潜能如在年轻干部培训班、初任培训班中安排
13. 专项体验	培训中针对专项内容开发出来体验课程。随着培训研究和实践的不断扩展和深入，专项体验的课程越来越多	关注过程，重视顿悟	
（1）红色体验	依托红色文化资源，以活动为载体，开展体验式教学，促使学员在活动中体会革命先烈和革命先行者的崇高共产主义风范，建构自己的坚定共产主义信仰体系。通过"体验—总结—分享—运用"，使培训效能最大化	实地实情体验，学员积极性大，注重学员真实感受和内心体悟，培训效果好。需要有红色资源及专业的体验设计	获得理想信念教育，如"重走长征路""重走红军挑粮小道"等红色体验
（2）心理体验	在教师的引导和指导下，学员参与精心设计的心理实验活动，获得体验和感悟，从而对心理现象、心理活动有更加直观的感受和认识，或者在最自然的状态下自我表达，激发没有任何思想预设的情感和情绪变化，更加清楚自己内心世界的不和谐和偏离，并对其进行纠正，以提高心理品质、促进心理健康	针对性强，心理健康程度不同，心理体验的目的和适合的心理实验活动不同，如增压体验、减压体验、个人咨询等。需要创建适宜的环境和借助一定仪器设备	提升心理素质和抗压能力，如"领导干部压力调适体验"
（3）自然体验	有目的、有计划、有组织地到自然环境中去，充分利用人的六感（眼、耳、口、鼻、皮肤、意识），通过视、听、闻、触、尝、思等方式，了解和感知自然，树立尊重自然热爱自然，人与自然和谐共处理念和意识	教学轻松愉悦，学员参与积极性高，但容易流于浅层，深度教学有难度	在相关专题培训班中安排，如生态保护宣传、自然教育等专题班

（续）

方法名称	方法含义	方法特点	应用举例
（4）森林体验	在教师的指导下，通过视、听、闻、触、尝、思等体验方式，依托森林资源环境，在欣赏、感知、了解森林的同时，获得感触和启发，并密切与森林之间的关系，享受自然带来的美好，从而提高保护森林、保护生态的意识，将生态文明的理念根植于心	与自然体验类似	增进对森林的了解，如初任职人员培训班和非林背景人员培训班均可安排
14. 结构化研讨	按照一定规则、程序，运用适当的研究工具，有引导、有控制地针对预设问题进行聚焦诊断、查找原因、寻求对策的研讨方法	按一定程序进行，参与者人人平等，研讨有结果。需要有催化师，小组 7~10 人合适，学员要有经验	提升分析解决问题能力，如湿地保护培训班中进行"湿地保护中的重点难点问题"结构化研讨
15. 案例分析	根据课程教学目标，教师提供一个精心准备的案例，让学员自己去分析这个案例，诊断问题所在，与其他学员一起讨论后，提出自己解决问题的思路	容易组织，但对案例和教师水平要求高	提升分析解决问题能力，如"林业执法案例分析"
16. 座谈交流	座谈会原本是政府机关、企事业单位和社会团体为收集信息、征求意见、调查研究而与有关单位或人员进行的访谈。在干部教育培训中，座谈交流是邀请相关领导和专家（一般 3~7 位）与学员就某个领域或专题进行面对面广泛交流	氛围轻松，双向互动，双方高效率获得信息	了解政策措施，提升解决实际问题能力，如"森林城市建设中存在的问题"座谈交流
17. 小组讨论	小组讨论可以自始至终以小组形式进行研讨，也可以是报告人在全班进行报告，然后分组研讨或小组之间就某一问题以辩论的形式进行，其目的就是要深入分析问题并提出解决对策。小组讨论可以是有组织地讨论，也可以是无组织开放式讨论，或有专家在场的陪伴式讨论。培训中常用有组织讨论，小组由主持人组织，主持人可以是教师、也可以是学员（组长）	参与性较强，组织容易，但可能出现明星效应（引起神聊）、领导效应，不如结构化研讨有一致明确的结果	明辨问题、提高认识、获得经验或解决问题，都可以安排小组讨论

（续）

方法名称	方法含义	方法特点	应用举例
18. 学员论坛	教师和学员共同选择、细分论坛主题，在深入实际调查研究的基础上，学员采取自由发言或指定发言等方式在论坛上交流自己的调研成果，力求运用所学理论去探讨解决实践问题的思路与对策，进而实现教学相长、学学相长。学员论坛为了创造更加轻松自然的氛围，无主席台无讲台，以圆桌形式就座时，就叫圆桌论坛	论坛比较灵活，比小组讨论更加深入。可以有点评，有答疑	提升理论联系实际解决问题能力，如主题为"林草生态保护与发展"的学员论坛
19. 世界咖啡	"世界咖啡"通过对话者的同时参与，分享所有对话者的讨论和观点，从而在集体和个体中获得新的理解和共识。集体共同的参与和分享，并在集体中萌发出新的理解，达成共识	环境轻松愉快，参与者独立思考，讨论充分，智慧共享	培养分析问题、倾听意见和解决问题的综合能力
20. 调查研究	围绕某一主题，在教师或专家的指导下，以个人或小组的方式，采用各种适宜方法，全面系统地收集与主题相关的信息，并进行分析总结归纳，提出问题及对策或内在规律等	理论指导，方法科学，综合性强，实践性强。但实施较为复杂，时间较长，在集中短期培训中困难较大	提升调查研究能力，如"处级党员干部进修班"林草生态文明建设调查研究
21. 辩论	针对某一主题，引导学员组成不同的阵营或对立面，彼此用一定的理由来说明自己的观点和见解，同时揭露对方的矛盾，以进一步深化对该主题的认识，得到共识	辩论组织较易，课堂活跃，学员参与积极	培养资料收集能力、逻辑思维和表述能力，如"年轻干部成长靠环境还是靠自身"
22. 现场教学	通过组织学员深入具有某种实践特色或典型示范意义的现场，通过对现场进行参观、调查、分析和研究，学习总结经验，发现解决问题，获得启示和启发，提升学员认识、分析、解决问题的能力	现场事例鲜活，实效性强，现场气氛宽松活跃，学员积极性高，看听说并用，学习效率高	开阔眼界，学习方法与经验，如"原山林场改革与发展"现场教学

（续）

方法名称	方法含义	方法特点	应用举例
23. 行动学习	行动学习法是一种边实践边学习边研究边提高的培训学习方法，它以提出的某项问题为中心展开实践研究。在专家、教师及团队成员的相互帮助下，通过主动学习、质疑过程、分享经验，最终使问题得以解决，同时达到培训目的	实践性强，强调团队学习、团队质疑与反思精神，行动学习历时较长，短期班有困难	在解决实际问题过程中提升能力，如某单位内训开展行动学习，"如何搞好团队建设"，可以结合学习开展建设
24. 网络教学	网络教学打破传统教学模式，满足个性化学习需求，并通过大数据和新媒体手段，使学习更加方便，交流更加充分，体验更加真实，管理更加有效	目前，互动交流和学习环境的创造仍存在一定难度，需要更多的投入	线上线下混合教学，如新入职人员初任培训班理论知识课程线上进行，素质能力提升课程线下进行

第五节　林草干部教育培训教学方法方面的实践探索

一、运用多种教学方法确保培训质量

　　林草干部教育培训把教学方法创新作为提高学员学习积极性，提升培训质量的重要抓手。国家林草局管理干部学院近年来在公务员在职培训、处级干部任职培训、年轻干部培训、地方林草干部教育培训、县级林草局局长培训等主体班次中提倡运用多种教学方法，尤其是鼓励使用参与式互动式教学，如情景模拟、桌面推演、案例教学、自然体验、森林康养体验、现场教学、辩论、演讲、结构化研讨、座谈交流、小组讨论、经验交流、学员论坛、沙盘模拟、实操训练、破冰游戏等，取得了良好的培训效果，详见表5-2。

表5-2　林草干部教育培训中的创新教学方法

序号	课程名称	教学方法	采用的培训班
1	突发事件的媒体沟通与应对	情景模拟	县级林草局局长综合能力提升培训班
2	危机应对的策略和能力	情景模拟	处级干部任职培训班
3	如何提升中层干部管理和领导能力	学员论坛	处级干部任职培训班
4	个体应急救助与防护常识	实战演练	公务员在职培训班
5	团队建设与执行力	破冰活动	公务员在职培训班
6	"最美林草故事" 主题演讲	实战演练	年轻干部培训班
7	以国家公园为主体的自然保护地体系建立中的重点难点问题	结构化研讨	县级林草局局长保护地专题培训班

（续）

序号	课程名称	教学方法	采用的培训班
8	森林草原防火体系建设	现场教学	县级林草局局长森林草原防火专题培训班
9	森林及森林康养体验	体验教学	林草知识培训班
10	主要造林树种识别	现场实训	林草知识培训班
11	多功能森林体验	体验教学	新录用人员初任培训班
12	林草干部依法履职问题分析	案例分析	年轻干部培训班
13	团队协作与角色定位	量表测评	年轻干部培训班
14	草原保护管理	座谈交流	县级林草局局长草原保护专题培训班
15	年轻干部成才靠机遇还是靠奋斗	辩论	年轻干部培训班
16	年轻干部如何在知行合一中担当作为	圆桌论坛	年轻干部培训班
17	湿地保护管理中存在的问题与对策	小组研讨	县级林草局局长湿地保护专题培训班
18	提升领导干部辩证思维的能力	模型推演	司局长任职培训班

二、各种教学方法的课程占比情况

随机抽取 2019 年的 120 个培训班，统计其教学方法，并进行初步归类，把专题讲座、专题报告、影音教学等归为讲授类，把结构化研讨、交流研讨、学员论坛、座谈交流、经验交流、案例分析等归为研讨式教学，把现场教学、自然（森林）体验、拓展、破冰活动、实训、实操归为体验式教学，把测试、量表、答疑等归为其他，各类占比见图5-2。

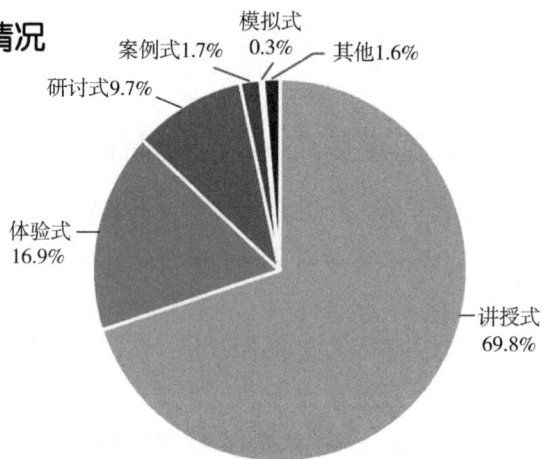

图 5-2　林草干部教育培训各类教学方法占比

林草干部教育培训仍然以讲授式教学为主，所占比例为 69.8%，体验式教学占比居第二达到 16.9%，研讨式教学占 9.7%，案例式教学占 1.7%，情景模拟式教学占 0.3%，其他方式占 1.6%。

三、常见的问题

（一）教学方法的概念不够清晰

林草干部教育培训存在对各类培训教学方法概念不够清晰的现象，具体表现在：一是培训班方案中不时出现自创名称的教学方法，以教学方法为特点的课程类型写得不规范；二是对各种方法的定义、特点、优缺点把握不准，课程设计时难以灵活运用；三是对一些教学方法，如案例讲解、案例分析和案例教学，结构化研讨与有组织的小组讨论，主题报告、专题报告与专题讲座，座谈交流与经验交流，现场教学与体验教学，参与式教学、互动式教学和引导式教学，区别不清导致误用等等。

（二）创新类教学方法的比重仍然较小

在林草干部教育培训中，体验式教学等创新教学方法占比达 30.2%，因涵盖行业业务培训班，这一比例相对来说比较高。但从具体教学类型来看，体验式教学达到 16.9%，且主要以现场教学为主，实际上心理体验、自然体验、红色体验等体验式教学课程安排仍然较少；研讨式教学方法是应用较多的一种教学类型，次数安排较多，每次课时 2~4 学时不等，占比达 9.7%；案例式教学占 1.7%，主要包含了案例讲解和案例分析，但严格意义上来说，案例分析等仍然属于讲授式教学；情景模拟占比只有 0.3%，但课程的满意度，高效果好。总之，林草干部教育培训仍然以课堂讲授为主，现场教学和研讨式教学次之，案例教学、模拟教学等应用较少。

（三）运用创新方法的课程不够突出林草特色

部分创新课程林草特色不显著。目前，林草行业还缺少具有林草特色的情景模拟、案例教学、桌面推演、沙盘模拟类课程，这类创新课程均聘请系统外的教师完成，内容主要是干部通用能力提升方面的。课程具有通用特点，没有纳入林草典型事例，林草特色不明显。虽然外聘专职教师教学水平较高，课程形式活跃，能够大大提升学员的学习积极性，如领导干部媒体应对情景模拟、领导干部公共管理能力提升案例教学等，普遍受到学员的喜爱。但是，如果这些课程能够将林草行业相关事件作为场景或案例进行教学，学员的切身体会可能更深，学习效果可能更佳。

（四）主体班次上应用较多，其他班次较少

林草干部教育培训中的主体班次，是指针对国家林草局机关及相关派出机构和直属单位，为提升干部素质能力和在职任职能力为主举办的培训班次。通常主体班次培训时间较长，内容涉及思想政治、党性教育、领导管理、专业能力和前沿知识等模块。这类培训班相对固定、每年都有，多年来形成了稳定的教学模式，匹配宽泛的内容，选择灵活的教学方法，大大提高了学员的学习积极性和学习效果。而行业干部教育培训更多的是业务培训，大量的专题班、业务班以专题讲座为主，辅之以现场教学和交流研讨，还有一部分培训班只有专题报告和专题讲座。创新教学方法在不同类型的培训班中应用不平衡。

（五）深度学习林草特色现场教学的形式和方法有待完善

林草行业实践性极强，新理论、新技术、新方法、新政策、新法规等在实践中得到示范应用并有大量鲜活成功事例。现场教学成为林草干部教育培训的第二课堂，教学比重较大。现场教学的内容变化大、现场选择范围广，除少量培训班在现场教学前进行了踩点，对内容和场地进行了精选外，多数培训班的现场教学难以做到提前踩点，

通常是把现场教学主题和培训班基本情况告诉现场单位，由该单位相关人员进行准备，现场教学按照设计的线路参观讲解并进行适当互动交流，现场教学深度学习还不够。

四、原因分析

目前，干部教育培训教学方法创新在行业干部学院开展得参差不齐。因为与其他任何开拓创新一样，这项创新工作的开展也需要有强有力的动力，需要人力物力的投入。影响干部教育培训教学方法创新的因素很多，包括理念因素、政策因素、成本因素、学员因素等，梳理后的鱼骨分析见图5-3。

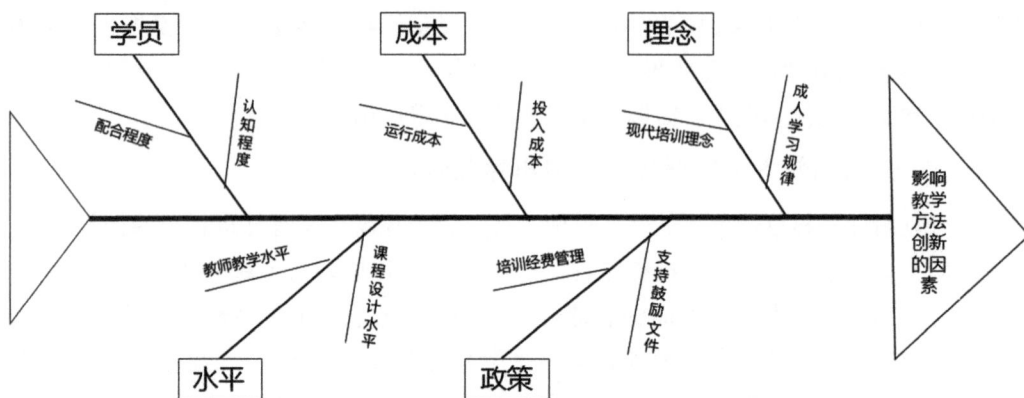

图5-3 影响行业干部教育培训教学方法创新的因素

这些因素对行业干部教育培训教学方法创新产生正向和负向的影响（表5-3）。

表5-3 影响林草干部教育培训教学方法创新的因素

序号	影响因素	正向影响	负向影响
1	培训理念的更新	培训工作者对成人学习理念认识清楚，具有现代培训理念	传统教学思想根深蒂固，对成人学习规律和干部教育培训研究不够
2	政策法规的要求	干部教育培训工作条例等文件对干部教育培训方法创新有明确的要求	培训班财务管理办法中的课酬标准一定程度上影响高水平有针对性的创新课程的开展及教师的聘用
3	成本效益的考虑	干部教育培训服务党和国家事业发展和干部健康成长，社会效益是干部教育培训的本质要求	二类事业单位的差额拨款对培训经济效益的必要考虑
4	设计与教学水平	课程设计合理，内容与方法匹配，教师教学水平高，课程吸引力大	设计人员对创新教学方法认识不清，课程内容与方法不匹配，教学重形式轻内容，教学效果不佳
5	学员认知与配合	学员对创新教学方法认知度高，能够积极参与，主动配合	学员不接受，认为是在玩，释放负面情绪，不配合或者不按要求和规则办

就创新林草干部教育培训方法模式而言，导致这些问题的原因主要有：设计者认识不到位、学员认识不到位；对创新方法种类了解不多；无相应教师能胜任、缺少相关场地条件；教学实施需要各种教学设备，需要教学助理，基于成本考虑选择讲授教学等。深层原因则是：深入研究不够，学习传播不够，自有师资不够，教学设施设备不足等。核心原因主要是：规模效益与培训质量的矛盾。

五、建议对策

（一）强化现代培训理念，树立正确的质量效益观

现代培训理念是以问题为导向，以学员为中心，开展综合交叉学习，进行参与式教学；培训目的不仅要满足增加知识、开阔眼界、提高能力，同时还要着力改变学员的态度、思维和行为；培训目标不再只停留在对学员个人的传道、授业、解惑之上，而是从个体延伸到团队、教室延伸到现场、学延伸到做；参训者个人的改变与单位行业事业发展相衔接；培训方法注重参与、注重体验，通过参与体验，触动情绪、刺激大脑、启发思考、实现顿悟；培训手段要充分借力网络，等等。因此，需要了解成人学习规律，具备现代培训理念，把规模、效益和质量有机统一起来，增加人力物力投入，创新培训教学方法，提升培训质量，增进培训效益。

（二）强化培训知识学习，提升课程设计水平

培训设计人员一是要了解相关重要法规文件要求，如《干部教育培训工作条例》《2018—2022年全国干部教育培训规划》《林草干部教育培训实施意见》等对干部教育培训内容体系、方式方法、培训教师等的要求，培训设计在这些框架要求的指导下开展。二是对培训相关知识的了解，林草干部教育培训主要采用的是培训班、研讨班和研修班。设计人员要熟练掌握这些班型的区别，在设计上体现它们的教学特点；同时对培训方法类型及各种方法有比较清楚的了解；掌握林草干部教育培训主要课程模块和适用的教学方法（表5-4）。

表5-4　林草干部教育培训班主要类型及设计要求

班型名称	适用范围	教学设计要求	培训模式举例
培训班	培训是指培养和训练，培训班是以兼顾组织需求、岗位需求和学员需求为出发点，突出重点，以提升学员的相关素质和能力为培训目标，对参训人员进行训练或教育活动	无论是培训目标、教学方法以及培训内容，设计应力求突出一个"新"字，如新形势、新要求、新规定、新知识、新技能、新案例等	新录（聘）用的初任培训班课程模式：3（思想政治、党性教育、相关知识）+X（基本能力+通用工作技能） 教学模式：专题讲座+现场教学+体验教学+研讨教学+实战演练+破冰

（续）

班型名称	适用范围	教学设计要求	培训模式举例
研讨班	研讨就是研究和讨论，研讨班就是专门针对某一专题或具体研讨主题设计相关知识辅导，并进行研究、讨论交流的培训形式	培训设计要突出"研讨"特征，以问题为导向，多选择研讨式教学方法（如小组讨论、结构化研讨、学员论坛、座谈交流等），促进学员通过头脑风暴碰撞出新的火花，进而提升分析问题解决问题能力，推进实际工作，促进研讨领域发展	县（市）林草局局长林草专题研讨班 课程模式：形势任务+政策法规+专题知识+能力提升 教学模式：主题报告+专题讲座+现场教学+研讨教学（结构化研讨+座谈交流+学员论坛）+情景模拟
研修班	研修就是学习、钻研、磨炼、修炼，研修班就是通过学习辅导、学员自修钻研和调研，在理论、素质、能力等方面获得提升的培训形式	培训设计要突出"钻研"和"自修"特征。针对新理论新知识，在专家适当进行辅导讲座的同时，强化学员个体的自修、钻研，以及学员集体的研讨	处级以上干部理论研修班 课程模式：政治理论+党性教育+应用研究 教学模式：专题讲座+现场教学+体验教学+小组研讨+主题自修

（三）强化专职教师培养，鼓励开发特色创新课程

林草干部教育培训中创新教学方法的使用，很大程度上取决于是否有教师能够承担这些教学任务。林草干部教育培训90%以上的课程都是由外聘教师承担，外聘教师难以满足培训机构的需求专门开发林草特色课程。因此，建立自己的专职培训教师队伍，开发林草特色创新课程，提升培训的针对性和实效性成为必需。林草行业要针对干部教育培训需求，组织开发林草特色创新课程，以增强学员学习积极性，增强培训效果。例如，针对林草突发事件的媒体应对情景模拟、林草危机应对情景模拟、林政执法情景模拟（模拟法庭）、林草危机处置桌面推演，生态保护与经济发展案例教学、情与法案例教学，行动学习法，心理健康体验、森林康养体验，以及各种案例分析等，只有储备有丰富充足的林草创新课程，培训设计师才能真正做到根据需要，有针对性地选择与培训目标相吻合课程和适宜的教学方法。建议开发或改进的林草特色课程见表5-5。

表5-5　可以开发的林草特色课程及其适用的培训班

序号	建议特色课程名称	教学方法	适用培训班
1	林草突发事件媒体应对	情景模拟	局长培训班、处长培训班、司局长培训班、专题培训班、地方领导干部培训班
2	林草危机应对与处置	情景模拟	局长培训班、处长培训班、司局长培训班、专题培训班、地方领导干部培训班
3	森林防火危机处置	桌面推演	局长培训班、专题培训班、地方领导干部培训班
4	森林火灾扑救	实战演练	局长培训班、专题培训班、地方领导干部培训班

（续）

序号	建议特色课程名称	教学方法	适用培训班
5	林草资源保护与地方发展	案例教学	局长培训班、专题培训班、地方领导干部培训班
6	林草干部依法履职	案例分析	局长培训班、专题培训班、地方领导干部培训班
7	林草执法	案例分析	局长培训班、专题培训班、地方领导干部培训班
8	林草执法	情景模拟	局长培训班、专题培训班、地方领导干部培训班
9	林草领导干部压力管理	体验教学	公务员培训班、局长培训班、处长培训班、司局长培训班、地方领导干部培训班
10	森林康养体验	体验教学	局长培训班、森林康养专题培训班
11	多功能森林体验	体验教学	新入职人员初任培训班
12	自然体验	体验教学	新入职人员初任培训班、林草知识班、专题培训班
13	XX 湿地保护管理	案例分析	局长培训班、湿地保护管理专题培训班
14	XX 自然保护区保护管理	案例分析	自然保护区保护管理专题培训班
15	XX 国家公园保护管理	案例分析	国家公园保护管理专题培训班
16	党性教育	体验教学	公务员培训班、局长培训班、处长培训班、司局长培训班、地方领导干部培训班、专题培训班以及其他培训班

（四）强化教学条件建设，提升创新教学效果

教学条件对于某些特定课程属于必要条件，比如演播室之于媒体应对情景模拟课、体验室之于心理体验教学等。进入特定教室的学员，如同置身事件场景中，这在普通讲授式课堂的感受完全不同。在培训课程设计中，与创新课程相匹配的设施设备是选择设计创新课程的先决条件，能够确保培训效果，如媒体应对情景模拟室、危机应对情景模拟室、心理解压体验室、党性教育体验室和综合实训室等。目前，林草干部教育培训仍缺乏这类基础设施建设。此外，建议进一步强化现场教学基地建设，与森林康养基地、多功能森林体验基地、自然教育基地等建立合作关系，深入体验教学，确保教学效果。

（五）规范现场教学流程，开展深度现场教学

林草干部教育培训中，体验式教学更能突出行业特色，现场教学内容较为丰富，对学员拓展思维、开阔眼界、提升综合能力作用明显。整体看，现场教学"看、听"比重大，讨论、思考、总结、提升的比重较小。因此，建议规范现场教学流程，具体为"热身—参观—讲座—讨论—提升"。热身就是去现场之前，发给学员有关现场事例介绍的材料，教师预先对现场进行简要介绍，对学员提出现场教学的要求，让学员带着目的去学习；参观就是有目的的按照预设路线对现场事例观看和听取讲解；讲座就是对现场教学的主题进行讲解，涵盖现场事例的设计思路、理论依据、成效、经验等；讨论就是通过热身、参观和听取讲座，对整个现场事例进行反思、对存在的不解进行

质疑，通过现场专家、教师、学员之间的互相交流、碰撞出新的火花；提升就是在总结归纳现场事例成功做法和典型经验的基础上，拓展其指导意义和应用价值。适应后疫情时代的特点，运用网络信息技术，开展云上现场教学，可以现场直播教学，也可以录制现场教学视频，通过主持人（教师）穿针引线，提升真实感和互动性。

（六）改进讲授式教学，提高学员学习热情

尽管讲授式教学存在一些问题，但它仍是干部教育培训的重要方法，完全抛弃讲授式教学，是不切实际的。在大力倡导培训教学方法创新的同时，讲授式教学也需要改进，提高学员学习积极性。建议如下：一是运用多媒体视频，在课堂讲授中引入多媒体教学手段，PPT、音频、视频相结合，图片、声音、视频等多信号刺激，提高吸引力，调动积极性；二是访谈教学，目前在林草干部教学培训中还很少有访谈教学，因为外聘教师多，聘请时主要依据外聘教师具有什么课程来确定，难以根据林草干部教育培训开发针对性强的访谈课程，可通过行业内或培训机构组织教师团队开发这类课程；三是问题引导，在课程讲授中引入问题导向式教学，精心设计问题，层层深入，让学员跟着老师的问题走，会大大提高学员学习的积极性，增强讲授式教学的吸引力，提升培训效果；四是增加互动内容，要求教师把最后半小时作为提问互动的时间，虽然实际中这种安排会遇到没有学员互动的冷场现象，但是如果有教师课前精心设计，在讲课时留有伏笔，或讲课过程中不时提醒学员，有效激发学员的参与意识，督促学员进行思考，同样可以获得良好的培训效果。

第六节　林草干部教育培训方法模式的构建及优化建议

一、不同课程模块采用不同的教学方法

根据林草干部教育培训教学内容的共性特征，进行课程模块归类，不同的教学内容模块选择其最为适合的教学方法（表5-6）。

表5-6　林草干部教育培训课程模块及适用的教学方法

课程模块类型	涵盖具体课程模块	适用的培训教学方法
形势任务	行业总体形势任务、专题领域总体情况	主题报告、专题报告
政治理论	政治理论、精神解读、理论拓展	专题讲座、专题报告、主题自修
党性教育	党性教育、廉政教育、警示教育	专题报告、专题讲座、访谈教学、现场教学、体验教学、案例分析、小组讨论、学员论坛
问题研讨	问题研讨、实践研究、经验交流	现场教学、结构化研讨、案例分析、座谈交流、小组讨论、学员论坛、辩论

（续）

课程模块类型	涵盖具体课程模块	适用的培训教学方法
知识更新	基础知识、专题知识、扩展知识（重点热点）、政策法规、工作要求（标准）、专业理论知识、技术要求等	专题报告、专题讲座、现场教学、体验教学、学员论坛、辩论
能力提升	在职能力、任职能力、专业能力、领导能力、发展能力、岗位能力、通用工作技能、实际操作	专题讲座、案例教学、情景模拟、桌面推演、实战演练、破冰活动、现场教学、实际操作、体验教学、结构化研讨、案例分析、座谈交流、小组讨论、学员论坛、辩论

二、构建不同培训项目的教学模式

综合以上对于林草干部教育培训项目分类的情况、选择的课程内容以及教学方法，总结出了林草干部教育培训各类培训项目的教学模式一览表（表5-7），该表对于林草干部教育培训项目设计开发以及教学均具有参考借鉴意义。

表 5-7 林草干部教育培训的教学方法模式一览

序号	培训项目	培训班举例	课程内容	主要方法	其他方法（可选）	模式操作说明
1	贯彻落实党和国家重大决策部署的集中轮训	（1）处级干部轮训班	精神解读+重点拓展+学习交流	专题讲座+视频教学+小组讨论		专题讲座、视频教学可以用于精神解读、理论知识拓展，这类培训班通常培训时间较短，重点是对重大决策部署进行学习理解，学员论坛一般来不及做充分的准备，通过有主持人的小组讨论，强化讨论结果。根据具体情况，司局长班也可考虑引入结构化研讨，对现实中可能出现的问题、原因和对策进行研讨，提升对重大决策部署的深度理解和落实能力
		（2）司局长研讨班	精神解读+理论拓展+落实研讨	专题讲座+视频教学+小组讨论	结构化研讨	
2	党的基本理论和党性教育的专题培训	处级以上干部理论研修班	政治理论+党性教育+实践研究	专题讲座+现场教学+体验教学+小组研讨+主题自修	访谈教学、学员论坛、调查研究	把握研修班的特征，通过辅导、研习、修炼促使学员通过培训在道德、涵养、造诣、素质、能力等方面获得提升。通过专题讲座（辅导）、主题自修、小组研讨，促进学员深入学习近平新时代中国特色社会主义思想，提高马克思主义理论水平和政治理论素养，通过现场教学、体验教学强化党性修养，坚定理想信念；通过学员论坛、调查研究促进学员理论联系实际，提升履职能力
3	公务员分级培训	（1）新录（聘）用人员初任培训班	3（思想政治、党性教育、相关知识）+X（基本能力+通用技能）	专题讲座+现场教学+体验教学+（世界咖啡会谈）+实战演练+破冰活动	微信论坛	通过专题讲座，学习了解政治理论、行业相关知识，进行思想道德教育；通过现场教学、体验教学，提升对理论知识、行业情况的认知，提升对党性修养体验的强化；通过有主持人的小组研讨或世界咖啡汇谈，强化初任人员对自身及岗位的认知和对成长规划的规划；对于通用技能通过专题讲座和实战演练提升能力；通过破冰活动，建立学习团队；利用年轻人的特点，建立微信论坛或数年轻人关心的议题进行讨论，或进行学习交流

（续）

序号	培训项目	培训班举例	课程内容	主要方法	其他方法（可选）	模式操作说明
		（2）公务员在职培训班	3（思想政治、党性修养、知识更新）+X（在职能力）	专题讲座+现场教学+体验教学+实战演练+小组讨论+主题辩论	学员论坛	通过专题讲座、学习政治理论、政策法规、公共管理、科技前沿、人文精神、行业热点等知识；现场教学、体验教学、主题辩论强化党性教育和对林草热点和林草建设实践的深度了解；实战演练、小组讨论等提升干部在职能力
3	公务员分级培训	（3）处级干部任职培训班	3（思想政治、党性修养、相关知识、专业能力）+X（任职能力）	专题讲座+现场教学+体验教学+案例教学+情景模拟+小组讨论+主题辩论+破冰活动	桌面推演、学员论坛、实战演练	通过破冰活动快速形成团队并提升团队建设能力；通过专题讲座学习政治理论、党纪法规、领导管理知识、专业知识、前沿科技等，通过现场教学、体验教学、主题辩论强化思想品德教育、专业素质能力；角色认知和职能定位通过专题讲座、小组讨论、主题辩论获得。可以引入桌面推演，实战演练等方法，进一步提升干部素质和能力
		（4）司局级干部任职培训班	3（思想政治、党性修养、相关知识）+X（任职能力）	专题讲座+案例教学+现场教学+情景模拟+小组讨论	体验教学、桌面推演	通过专题讲座和专业素养和学习政治理论、党纪法规、领导科学、管理理论，通过案例教学、情景模拟提升领导管理能力、转造领导品格，通过专题讨论（世界咖啡讨谈）等促进领导认知和职能定位，小组讨论；角色认知和职能定位，根据具体情况，还可以选择体验教学强化党性修养、桌面推演提升发挥发事件应对能力
4	综合素质能力培训	（1）林草领导干部综合培训班	3（思想政治、党性修养、知识更新）+X（领导能力）	专题讲座+现场教学+体验教学+情景模拟+案例分析+座谈交流	案例教学、学员论坛	通过专题讲座、强化政治理论学习、政策法规学习，了解经济社会发展形势、行业发展重点热点，学习领导管理知识和前沿科技等，提升理论认识，拓展思维视角，增强围绕中心服务大局意识，体验教学进一步强化党和前政教育，强化对林草生态建设保护重要实践经验的学习，通过现场教学、强化对林草生态建设保护重要实践经验的学习；通过情景模拟和案例分析提升领导干部管理能力，座谈交流进一步深化对行业政策、管理的理解，学员论坛进一步加深对问题同深入问题把握，采取有效的措施

137

（续）

序号	培训项目	培训班举例	课程内容	主要方法	其他方法（可选）	模式操作说明
4	综合素质能力培训	（2）年轻干部培训班	3（思想政治、党性修养、知识培训）+X（发展能力、专业能力）	专题讲座+专题报告+现场教学+案例分析+体验教学+小组研讨+结构化研讨+情景模拟+主题辩论+圆桌论坛+世界咖啡	调查研究、案例研究、模型推演、微信论坛	年轻干部培训班一般时间比较长，内容较多，可以根据课程内容和年轻人的特点选择灵活多样的教学方法。专题报告可以用于思想理论、党史党建、政史知识、前沿知识、管理知识、人文知识，体验教学等深化党性教育、专业教育、廉政教育；情景模拟、小组研讨、主题辩论、调查研究、圆桌论坛、世界咖啡等互动教学方法根据具体情况选用，强化能力提升；调查研究、案例研究、模型推演等可根据具体情况选用，充分利用网络信息技术，使专题讲座、翻转课堂与微课、微信论坛等结合起来；微信论坛可贯穿整个教学过程
5	关键岗位领导力培训	关键岗位领导干部在职培训班	3（思想政治、党性修养、知识更新）+X（领导能力、岗位能力）	专题讲座+现场教学+体验教学+小组讨论（结构化研讨）+情景模拟	案例分析、学员论坛	通过专题讲座、学习政治理论、领导管理理论、岗位专业知识；现场教学、体验教学强化党性教育、岗位工作经验借鉴；有主持人的小组讨论或结构化研讨，对本岗位重点难点问题、原因、对策进行深入研讨，提升岗位工作能力；情景模拟提升领导干部危机处置和应对能力。案例分析、学员论坛可强化对岗位突出问题的认识和解决能力
6	林草知识培训	林草知识培训班	政治素养+基础知识+扩展知识（重点热点）	专题讲座+现场教学+体验教学+小组讨论	实训、翻转课堂	通过专题讲座，学习政治理论相关课程和林草基础知识课程，同时将林草行业相关课程融入课程，使学员全面掌握林草基本知识，新形势、新任务、新热点融入课程，使学员全面掌握林草常用专业术语、基本生产环节和知识，相关保护管理理念和方法等。林草行业实践性较强，安排相关的现场教学，结合课堂讲授，选取典型的室外教学场所，使学员在实际体验中，巩固所学知识，对林草行业知识或专业能力的认识。通过小组研讨的方式，探讨林草行业形成更深的认识，找到目前所欠缺的对策方法，对于时间较长的培训班，可以引入翻转课堂教学方法，加深知识的深度学习，引入实训方法，更加贴近行业生产实际，提升学习兴趣和效果

（续）

序号	培训项目	培训班举例	课程内容	主要方法	其他方法（可选）	模式操作说明
		（1）地方林草领导干部林草专题研究班	形势任务+政策法规+专题知识+能力提升	主题报告+专题讲座+现场教学+案例分析+结构化研讨+座谈交流+情景模拟+学员论坛	专题报告、桌面推演	通过主题报告、专题讲座学习了解任务要求、政策法规、专业知识等，技术；通过现场教学，学习专题领域典型实践经验，模拟思考和认知；通过案例分析，进一步促进对专题领域与行业政策制定和管理部门的沟通平台，互通情况，促进答疑解惑，聚焦问题，深挖原因，制定对策，提升学员行动力；通过座谈交流进一步强化此类班的研究特征；情景模拟提升领导干部对舆情应对和危机处置的研究特征；情景模拟提升领导干部对舆情应对和危机处置能力
7	林草专题培训	（2）县（市）林草局局长专题研讨班	形势任务+政策法规+专题知识+能力提升	主题报告+专题讲座+现场教学+案例分析+结构化研讨+情景模拟	座谈交流、专题报告、桌面推演、学员论坛	与地方林草领导干部林草专题研究班相同的是，通过主题报告、专题讲座学习了解专题任务要求、政策法规、模式、技术；通过现场教学，学习专题领域典型实践经验，专业知识和认知；通过案例分析，进一步促进对专题领域思考和认识；通过结构化研讨，促进群策群力，聚焦问题，深挖原因，制定对策，提升学员行动力；情景模拟提升应对和危机处置能力。而座谈交流、专题报告、桌面推演可行性短和实施可行性进行选择安排
		（3）其他专题培训班	形势任务+政策法规+专题知识+能力提升	主题报告+专题讲座+现场教学+小组讨论+案例分析	学员论坛、座谈交流	这类培训班通常是对专题领域新政策新理论新方法等的培训，所以研讨特征不如上两个类型的强。因此，通过主题报告学习了解该专题领域的新形势新政策新要求新任务等；通过专题讲座学习了解专题领域政策法规、相关知识等；通过现场教学，小组讨论等，进一步提升对知识的理解和分析解决专题领域问题的能力。在条件许可的情况下，可以考虑引入学员论坛、座谈交流等

（续）

序号	培训项目	培训班举例	课程内容	主要方法	其他方法（可选）	模式操作说明
8	专项工作培训	党建培训班、党（团、青、工、妇、纪）务工作培训班、专项行政工作培训班、专项工作业务工作培训班	知识更新+工作要求（标准）+典型经验	专题讲座+小组讨论+现场教学	专题报告	课程知识更新包含"新政策解读、有关理论知识、工作要求"等，可以采取专题讲座形式，以小组讨论形式对工作经验、存在的问题和对策进行交流，现场教学进一步学习知识，获得经验，同时采取专题报告形式可进行典型经验交流
9	专业技术培训	森林培育技术培训班、工程技术培训班、保护利用技术培训班、监测监控技术培训班、林业产业技术班等	理论知识+技术要求+实际操作+问题（经验）交流	专题讲座+现场教学+小组讨论	专题报告、实训	对专业理论知识和技术要求的培训可以采取专题讲座形式，现场教学可以更加清楚展现现技术操作和效果，通过小组讨论形式交流工作中问题和对策。同时可以以专题报告形式进行典型经验交流，对于具体实用技术可以进行实训

参考文献

才华，2007. 基于胜任力的上海市公务员培训模式研究——以上海市政府机关公务员培训为例 [D]. 上海：上海交通大学.

蔡小慎，徐进，2005. 关于构建我国多元化公务员培训模式的思考 [J]. 前沿（03）：75-78.

曹艳，2009. 布鲁纳结构主义教学理论对我国基础教育课程改革的启示 [J]. 湖北成人教育学院学报，15（02）：6-7.

陈维维，2015. 审视与反思：戴尔"经验之塔"的发展演变 [J]. 电化教育研究，36（04）：9-14+27.

成丕德，2010. 构建以需求为导向的干部培训开发体系 [J]. 中国浦东干部学院学报，4（06）：114-118.

成垠，2007. 公务员培训的标准化模式选择 [D]. 西安：西北大学.

程日庆，2020. 疫情防控期间高校干部培训模式创新探析 [J]. 闽南师范大学学报（哲学社会科学版），34（04）：130-133.

崔学敬，方小凡，赵志学，等，2021. 基于慕课的长三角一体化干部培训模式研究 [J]. 电脑知识与技术，17（07）：87-89.

丁娜，2014. 试论以需求为导向的行业干部教育培训内容更新机制的建立——以国家林业局管理干部学院主体培训项目为例 [J]. 国家林业局管理干部学院学报，13（04）：29-32.

丁娜，陈立桥，2021. 林草行业干部教育培训项目教学策划的实践探索与反思 [J]. 中国林业教育（05）：39-43.

丁娜，高力力，2016. 结构化研讨在林业干部教育培训项目中的应用及其思考 [J]. 中国林业教育，34（01）：32-35.

丁莹，王红霞，2019. 结构化研讨助力党校教学方式创新——铁道党校主体班次开展结构化研讨情况及改进对策 [J]. 理论学习与探索（06）：72-76.

董彪，2021. 习近平总书记关于干部教育培训工作的重要论述研究 [J]. 辽宁省社会主义学院学报（04）：3-9.

董明发，2011. 干部教育培训质量保障研究 [D]. 北京：中共中央党校.

董云飞，2017. 谈混合式学习在林业干部教育培训中的应用 [J]. 国家林业局管理干部学院学报，16（02）：28-31.

都荣胜，2009. 关于公务员培训模式的实践探索 [J]. 成人教育（03）：68-69.

范劲鸿，2019. 基于胜任力的工会干部培训模式的思考 [J]. 广东职业技术教育与研究（03）：168-170.

冯俊，2011. 干部教育培训改革与创新研究 [M]. 北京：人民出版社.

傅媛媛，2016. 胜任力视角下的基层公务员培训研究 [D]. 上海：上海师范大学.

高洁，2002. 能力本位教育与培训课程开发 [J]. 河南职技师院学报（职业教育版）（03）：11-16.

郭江，2019. 情景模拟教学模式应用于税务干部培训中的思考 [J]. 中国外资（24）：133-134.

何承金，2000. 人力资本管理 [M]. 成都：四川大学出版社.

贺建兵，2018. "互联网+"视角下干部培训模式的创新探讨 [J]. 时代报告（10）：60-61.

贺中华，秦振泽，2019. "互联网+干部教育"培训模式实践探索 [J]. 山西广播电视大学学报，24（04）：15-18.

侯伟，2012. 基于胜任力的我国公务员培训体系研究 [D]. 南京：南京航空航天大学.

侯霄昱，2016. "互联网+"开启干部教育培训新模式 [C] //中国烟草学会 2016 年度优秀论文汇编——

教育培训主题：6-18.

胡实秋，2007. 公务员培训新模式：积分制管理 [J]. 人才开发（12）：5-7.

纪国和，张作岭，2005. 关于课程模式与教学模式关系的思考 [J]. 教育探索（12）.

季明明，2002. 培养公共领域时代精英的摇篮——哈佛大学肯尼迪政府学院的 MPA 教育 [J]. 世界教育信息（03）：17-32.

焦金艳，2005. 搭建以能力为本位的公务员系统培训模式 [J]. 继续教育（12）：4-7.

焦金艳，2006. 我国公务员以能力为本位的培训模式的构建 [D]. 北京：首都经济贸易大学.

黎华，2009. 基于能力提升的吉林省公务员培训体系构建 [D]. 长春：吉林大学.

李策，2014. 我国干部教育培训供给模式研究 [D]. 西安：西北大学.

李静，2009. 珠海市"能力主导型"公务员培训模式探讨 [D]. 广州：中山大学.

李森，2008. 党政领导干部素质与能力培养研究——干部培训视角 [M]. 北京：党建读物出版社.

李玉明，郎晓瑛，2005. 公务员培训课程设置刍议 [J]. 行政与法（吉林省行政学院学报）（11）：59-60.

李治锟，2016. 胜任力模型在公务员培训中的运用 [J]. 求知导刊（06）：63-64.

林汐，2013. 清华北大党政干部高级研修班培训课程 [M]. 北京：东方出版社.

林汐，2013. 中央党校党政干部核心能力提升高端培训课程 [M]. 北京：东方出版社.

林小倩，2011. 基于能力本位的我国公务员管理体系的构建 [D]. 上海：复旦大学.

刘春艳，2015. 体验式教学法在干部培训中的应用 [J]. 辽宁行政学院学报（11）：86-89.

刘富珍，袁国丽，万佩佩，2017. "套餐+定制"团干部教育培训模式的探索与实践——以青岛市团校为例 [J]. 青年发展论坛，27（05）：43-48.

刘晋，张雁华，2017. "互联网+"视角下干部培训模式的创新 [J]. 理论学习与探索（01）：79-80.

刘珉，2020. "十四五"林草发展转型 [J]. 林业与生态（07）：22-23.

刘小毛，2008. 体验式教学在干部教育培训中的应用研究 [J]. 中国井冈山干部学院学报（05）：113-117.

刘玉瑛，2010. 公务员上岗培训 [M]. 北京：中共中央党校出版社.

龙永彬，李秋明，2010. "广东现代林业学堂"培训实践与探讨 [J]. 国家林业局管理干部学院学报，9（02）：22-26.

陆明荟，2019. 基于胜任特征的基层公务员培训模式优化研究 [D]. 长春：长春工业大学.

吕彤，2013. 现代干部培训的师资素养与技能 [M]. 北京：经济科学出版社.

马秀玲，2007. 我国公务员培训模式的发展与展望 [J]. 中国人力资源开发（08）：66-69.

孟涛，2007. 企业培训模式研究 [D]. 青岛：青岛大学.

钱和中，钱道赓，2008. 中国公务员素质建设研究 [M]. 北京：中国社会科学出版社.

秦建民，2008. "经营培训"的核心价值理念 [J]. 中国培训（08）：48-49.

饶征，李芳，王孟，2008. ISO10015 培训质量管理 [M]. 上海：复旦大学出版社.

任珍珍，毕文思，余翔，等，2021. 行业干部教育培训线上线下融合培训模式探析——以国家林业和草原局第十一期新录用人员初任培训班为例 [J]. 国家林业和草原局管理干部学院学报，20（02）：35-40.

佘双好，罗佳，2022. 推动新时代思想政治理论课程观的变革 [J]. 湖北社会科学（02）：144-149.

沈远新，2008. 领导者能力与素质测评方法和提高 [M]. 北京：中共中央党校出版社.

苏忠林，曾青，程晗嫣，2015. "省级统筹、分岗施训"：创新财政干部培训模式——基于湖北省财政干部培训的实证研究 [J]. 财政研究（06）：37-41.

孙天蕊, 2018. 基于胜任力模型的气象部门处级干部培训体系研究 [D]. 北京: 首都经济贸易大学.

唐培培, 2018. 结构化研讨在干部教育培训中的应用与思考 [J]. 交通运输部管理干部学院学报, 28 (03): 35-39.

田月秋, 2014. 基于胜任力模型的公务员职业生涯管理研究 [D]. 上海: 华东理工大学.

童汝根, 姚裕群, 2010. 公务员虚拟培训模式如何创新——以 G 培训网为例 [J]. 中国人力资源开发 (07): 23-26+39.

王慧, 2012. 中国公务员胜任力结构及提升机制研究 [M]. 北京: 北京师范大学出版社.

王洁, 2020. 体验式教学在农村基层干部培训中的应用 [J]. 乡村科技 (14): 39-40.

王伟, 2008. 关于完善公务员培训课程体系的几点思考 [J]. 社科纵横 (04): 56-57.

吴学敏, 吴琼, 齐灿, 2017. 创新培训模式, 提高成人教育培训实效性 [J]. 继续教育研究, (12): 65-67.

吴云, 2010. 德国公务员 "四阶梯" 培训模式的特点及其启示 [J]. 中共青岛市委党校. 青岛行政学院学报 (03): 35-37.

肖乐, 2014. 领导干部培训的多元化模式构建研究 [D]. 湘潭: 湘潭大学.

徐晓巍, 2017. 基于微课的林业经济教育培训方式创新研究——以内蒙古森工集团国有林区从业人员提高能力素质为例 [J]. 国家林业局管理干部学院学报, 16 (01): 28-32+56.

杨戬, 2014. 公务员胜任力培训中的问题及对策研究 [D]. 昆明: 云南师范大学.

杨魁, 马建新, 王月义, 等, 2009. 从计划培训到需求培训的变革: 一个基层党校 "双向自主培训" 的实践与探索 [M]. 北京: 中共中央党校出版社.

杨艳玲, 李五一, 2014. 研究型干部培训项目设计与实施研究——以国家教育行政学院高校中层干部培训项目为例 [J]. 国家教育行政学院学报 (09): 21-26.

叶绪江, 2007. 需求导向型干部培训的流程设计 [J]. 领导科学 (06): 26-27.

叶绪江, 刘祖云, 2011. 我国公务员培训体制 "全程改革" 探析——基于新公共管理的理论视角 [J]. 深圳大学学报 (人文社会科学版), 28 (06): 60-65.

印鹏, 邹蓓, 2018. 混合式培训模式在气象干部培训中的探索与实践 [J]. 智库时代 (29): 179+183.

袁建涛, 2021. 党的干部教育培训的历史发展与经验启示 [J]. 湖南人文科技学院学报, 38 (04): 37-41.

岳敏敏, 王精忠, 2020. 结构化研讨在民警教育培训中的模式构建与应用研究 [J]. 警学研究 (06): 103-111.

张晨明, 2022. 正规化干部培训学院质量管理体系标准化建设探析 [J]. 中国标准化 (04): 66-69.

张东方, 王顺利, 2010. 林业行业干部教育培训现场教学基地建设探讨 [J]. 国家林业局管理干部学院学报, 9 (02): 18-21.

张峰, 2001. 能力本位——公务员培训新模式 [J]. 中国人力资源开发 (04): 26-28.

张寒, 田小冬, 蒋媛媛, 2017. 双维度创新 "互联网+" 干部培训模式 [J]. 中国电力企业管理 (31): 90-91.

张劲松, 王壮, 2017. "慕课" 在林业教育培训中的应用与分析 [J]. 中国林业教育, 35 (01): 39-42.

张荆, 2007. 国家行政效率之本——中日公务员制度比较研究 [M]. 北京: 知识产权出版社.

张丽, 2008. 论公务员培训激励模式的构建——以期望理论为视角 [J]. 辽宁行政学院学报 (08): 99-100.

张利明, 2019. 林业和草原干部教育培训理论与实践 [M]. 北京: 中国林业出版社.

张平川, 张稳宁, 赵微忱, 2014. 陕西省公务员网络培训模式探析 [J]. 继续教育, 28 (12): 11-13.

张荣, 2012. 公务员制度的理论与实践 [M]. 北京: 人民出版社.

张维峰，2019."互联网+"视角下的干部教育培训新模式［J］.电脑知识与技术，15（35）：104-105.

张亚娟，2018.建构主义教学理论综述［J］.教育现代化，5（12）：171-172.

张勇，2016.基于戴明环理念的培训质量监督管理模式实践［J］.当代电力文化（08）：68-69.

章木林，傅雯玉，2017.慕课背景下我国审计干部培训模式的创新研究［J］.审计月刊（02）：45-47.

赵淑莉，2016.党政干部培训中案例教学模式分析［J］.山西青年（23）：281.

赵亭，王晓洁，刘冠宇，2014.谈在林业行政执法培训课程建设中应该注意的几个问题［J］.国家林业局管理干部学院学报，13（04）：37-40.

赵永业，罗生洲，刘珍花，等，2019.气象干部培训中远程教学为先导的多元培训模式探讨［J］.青海科技，26（05）：99-101.

赵媛，2019.探讨结构化研讨在党校主体班中的运用［J］.智库时代（49）：42-43.

郑秀敏，罗瑾琏，2004.人力资源培训整合模式研究［J］.人才开发（04）：26-27.

郑英达，2018.辽宁省林业站岗位培训网络平台使用情况分析［J］.黑龙江生态工程职业学院学报，31（03）：13-14+51.

周建标，2006.开展"菜单式"培训是公务员培训的新趋势［J］.继续教育研究（01）：105-107.

周爽，刘忠超，2020.疫情防控背景下线上教学的挑战与对策［J］.通化师范学院学报，41（04）：88-92.

朱雪冬，2016.干部培训中乡村体验式教学运用研究［D］.南昌：江西农业大学.

卓晓孟，但武刚，2021.论杜威的推理理论及其教育意蕴［J］.现代大学教育，37（05）：15-23.

左贵元，2010.加快干部培训教育课程开发增强行政学院核心竞争力［J］.安徽行政学院学报，1（02）：16-17.

新华社，（2013-09-29）［2022-3-18］.中共中央印发《2013-2017年全国干部教育培训规划》［EB/OL］.http：//theory.people.com.cn/n/2013/0929/c40531-23071656-3.html.

中共教育部党组，（2019-04-17）［2022-4-25］.中共教育部党组印发《关于贯彻落实〈2018—2022年全国干部教育培训规划〉的实施意见》的通知［EB/OL］.http：//www.moe.gov.cn/srcsite/A04/rss_gbjyjd/201904/t20190430_380181.html.

国务院，（2010-01-08）［2022-4-25］.国务院关于加强和改进新形势下国家行政学院工作的若干意见.［EB/OL］.http：//www.gov.cn/zhengce/content/2010-01/08/content_5436.htm.

迟诚，（2022-01-27）［2022-4-10］.全国林业和草原工作视频会议召开［EB/OL］.http：//www.greentimes.com/greentimepaper/html/2021-01/27/content_3347801.htm.

共产党员网，（2006-01-21）［2022-4-25］.干部教育培训工作条例（试行）［EB/OL］.https：//news.12371.cn/2015/03/11/ARTI1426060456806283.shtml.

新华社，（2022-03-30）［2022-4-25］.习近平在参加首都义务植树活动时强调：全社会都做生态文明建设的实践者推动者让祖国天更蓝山更绿水更清生态环境更美好.［EB/OL］.http：//www.gov.cn/xinwen/2022-03/30/content_5682511.htm.

高世琦，（2021-07-19）［2022-3-25］.党的干部教育培训事业百年历程与经验启示［EB/OL］.http：//www.zuzhirenshi.com/showinfo/0f684b0b-b6cd-4315-afcd-c3d3e96a9475.

共产党员网，（2018-09-17）［2022-3-25］.习近平总书记在全国组织工作会议上的重要讲话［EB/OL］.https：//www.12371.cn/2018/09/17/ARTI1537150840597467.shtml.

（美）D·A·库伯，2008.体验学习：让体验成为学习和发展的源泉［M］.上海：华东师范大学出版社.

（美）柯克帕特里克等，2012.柯氏评估的过去和现在未来的坚实基础［M］.南京：江苏人民出版社.

（英）库克，2004.培训的100件工具——经典培训工具箱［M］.上海：上海交通大学出版社.